A smooth exit
from eternal inflation?
Stephen W. Hawking & Thomas Hertog

ホーキング、最後に語る

多宇宙をめぐる博士のメッセージ

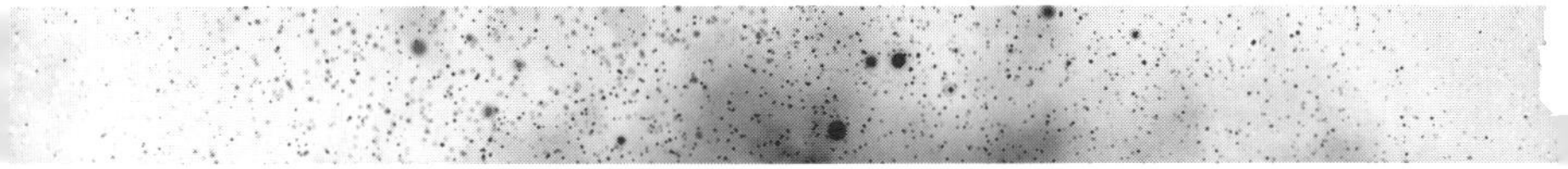

スティーヴン・W・ホーキング
&トマス・ハートッホ　佐藤勝彦　白水徹也

早川書房

目次

ホーキング博士の業績と思い出／佐藤勝彦 5
トマス・ハートッホ・インタビュー 25
ホーキング「最終論文」を読む――内容解説／白水徹也 31
ホーキング最終論文
永久インフレーションからの滑らかな離脱？
スティーヴン・W・ホーキング&トマス・ハートッホ 94

ホーキング博士の業績と思い出

佐藤勝彦

（＊印は著者注で、本稿末尾を参照。†印は編集部注で、この欄を見られたい）

「車椅子にのった天才」とも呼ばれたＳ・ホーキング博士が二〇一八年三月一四日、逝去された。

この小文では彼の生涯を振り返りながら、彼の業績を紹介したい。また、彼の研究は私の研究分野である宇宙物理学と大きく重なり合う分野だったので、研究者としての付き合いを通じての思い出などを記したい。

その両親と家庭

彼は自伝や講演会などで「私は一九四二年の一月八日、ガリレオの亡くなったちょうど三〇〇年後のその日に生まれました。もっとも、私の推定ではその日にはだいたい二〇万人の赤ん坊が生まれているはずですが」としばしば語っている。両親ともオックスフォード大学を卒業しているイン

写真提供：明星大学

テリ家族である。私は熱帯医学者であるお父様には面識はないが、お母さん、イソベルさんにはお会いし親密にお話しさせていただいたことがある。一九九五年ごろ、ホーキングの看護婦さん、高齢の方でむしろ付き添いの助言者という立場の方と家族ぐるみで親しくさせていただいていた。彼女の家はとても広く、ケンブリッジ大学の訪問者である研究者をB&B（一泊朝食付きの民宿）として面倒を見ておられたので、私もそれに甘えて彼女の家を定宿にしていた。

　その年の九月にケンブリッジ大学天文学研究所に滞在したとき、ほぼ一週間ばかりホーキングのお母さんと毎日朝食を共にした。ホーキングのお母さん、イソベルさんは八〇歳になる高齢であったが極めて聡明なかたで、「私はもう耳が悪く良く聞こえないのだ」と言いながらも補聴器をつけて朝食のおしゃべりに参加された。

　最初は一体共通の話題なんてあるのかと心配になったが、予想に反して、実に楽しい朝食を一週間楽しむことができた。イギリスの文化、経済、政治などイソベルさんは何でも一言きちんと自分の意見をお持ちの方で、会話が途切れることはまったくなかった。加えて終戦間もないころの日本を、夫、ホーキングの父親とシベリア鉄道を使って訪問されたころの話も出てきて驚いた。もっともホーキングの話になると、ついつい、彼が賢かったという自慢話になってしまう。そして自慢話の後でこういう。「母親ですものね、子供を誉めるのは当然ですよね」

団欒《だんらん》の場では神学論争もするような家庭であったので、ホーキングは専門である物理学を越えて、自らを実証主義者と語るように確固とした自分の哲学を持つようになったのであろう。

ＡＬＳ発症と特異点定理

一九六二年に彼はオックスフォード大学を卒業しケンブリッジ大学の大学院に進んだ。指導者に宇宙論学者として高名なＦ・ホイル*を希望したが、かなわずあまり世間には知られていなかったＤ・シアマ†が指導者となった。彼自身も語っているように、結果的にはこれは良い選択だった。両者には私も国際会議などでお会いしたが、ホイルは星の内部での元素合成理論など素晴らしい業績を上げた方ではあるものの、シアマは誰にもフレンドリ

Ｆ・ホイル：フレッド・ホイル、一九一五〜二〇〇一。イギリスの天体物理学者。業績は本文に書かれたとおりだが、『10月1日では遅すぎる』などのＳＦ小説も多数書いている。

Ｄ・シアマ：デニス・シアマ、一九二六〜一九九九。

ーで大学院生にも本人の希望を聞き面倒見のいい方で、指導者としては優れていた。

ホーキングは、ケンブリッジに移ったころ、一九六三年にはＡＬＳ（筋萎縮性側索硬化症）を発症していた。医者からこの病気は、次第に体の自由が奪われ、多くの場合、ほぼ三年で死亡すると告げられほとんど絶望した。しかし彼の場合どうも病気の進行はゆるやかで、研究に励むことができた**。

彼は一九六六年に学位論文を書き、彼の名前が世界に知れ渡ることになる「特異点定理」を証明した。特異点とは時空の計量が無限大に発散し物理学が破綻《はたん》している時空点である。ロシアのＡ・フリードマン（一九二二年）やベルギーのＧ・ルメートルは一般相対性理論†の式を解き、宇宙が膨張することを示しているが、開闢《かいびゃく》の瞬間は特異点である。物理学が破綻する特異点から宇宙が始まったとすれば、神による宇宙創生を認めるようなもので、これを避けようと考え、多くの理論物理学者が多様なアイデアを出し研究をしていた。ホーキングは「相対論に従うならば、宇宙は特異点から始まらなければならない」という「特異点定理」を証明し、そのような研究は意味がなかったことを示したのである。特異点定理を証明し有名になっていたホーキングが一九七四年、さらに世界の物理学者を驚嘆させ

イギリスの天体物理学者。現代宇宙論の父と目される研究者の一人。ホーキングのほか、ロジャー・ペンローズもシアマの影響を受けた研究者で、イギリス物理学界に与えた影響は小さくない。

一般相対性理論：一九一五年にアインシュタインによって提唱された、一般相対性原理と等価原理を柱とし、特殊相対性理論では説明できなかった重力がはたらく仕組みを解明した理論。ブラックホールのようにきわめて重力の強い天体や大スケールの宇宙論を論じる際には常に基本となる。

る発表をした。ブラックホールが、時間がたつと蒸発してしまい消えてしまうという「ブラックホールの蒸発理論」である。ブラックホールはその名前のとおり、光をはじめあらゆる物質を飲み込むが、外にはいっさい出ることはできないので〝ブラック〟と信じられていた。それがあたかも高温の物体が「熱放射」を出すのと同じように、ブラックホールは周りに熱放射（今日《こんにち》、ホーキング放射と呼ばれる）を出してやがては消えてなくなってしまうというのである。当時の常識を根底から覆《くつがえ》す主張だった。

この理論を順序を追って説明しよう。ホーキングは前の年、一九七三年に「ブラックホールの面積定理」を発見した。ブラックホールは光も逃げ出せない球殻《きゆうかく》、事象の地平面†にとり囲まれている。二つのブラックホールの合体を考えよう。合体後の一つになったブラックホールの球殻の面積は合体前の二つのブラックホールそれぞれの球殻の面積の合計より必ず増大していなければならないことを示したのである。物理学で、なにか物理的現象が起こったとき単調に増大するものと言えばエントロピーである。この面積定理を受けて、当時プリンストン大学の大学院生であったベッケンシュタインは「ブラックホールはエントロピーを持っているのだ」という仮説を提唱した。ホーキングはこの仮説を聞いたとき、ベッケンシュタイ

事象の地平面：物理学で、光がそれ以上進むことができず、そこから先は光が到達できなくなる領域の境界を示す面を一般にこう呼ぶ。厳密な定義は物理学辞典等を参照されたい。

ンは自分の面積増大則を誤用したとみなし、潰《つぶ》さなければと考えた。しかし、潰すために詳しく調べると、実はそれが正しいことを見つけ、証明してしまったのだった。

通常の言葉で真空といえば、いっさいの物質やエネルギーが存在しない空間のことである。しかし、ミクロの世界を支配している量子論†に従えば、何もない空間と考えられている真空は、たえず粒子とその反粒子がペアで生まれ次の瞬間には二つが合体して消えてしまう状態である。量子論ではすべての物理量は不確定で揺らいでいるが、真空も量子論的に考えればこのような描像になるのである。事象の地平面のまわりでこの揺らぎを考えると、ペアで生まれた一方はマイナスのエネルギーを持って中心に落下し、一方は落下することなく遠方まで放出されることになる。ホーキングがこうして放出される光の粒子、光子のエネルギースペクトルを計算すると、黒体†が熱をもっているとき放出する光のスペクトルであるプランク分布と一致することがわかった。つまりブラックホールは温度やエントロピーなどの熱力学量を持つのである。ブラックホールの温度はブラックホールの事象の地平面の半径に反比例する。半径はブラックホールの質量に比例するので、小さい質量の、地平面の半径が小さいブラックホールほど高温度

量子論：原子内部などのごく小さなスケールで起こる現象を説明するために二〇世紀初頭に打ち立てられた理論で、従来の因果律などが必ずしも通用しなくなるなど、直感に反する事柄が頻出する。これに対して、量子論以前の物理学を古典物理学と称することがある。

黒体：光や電波などの電磁波をあらゆるエネルギースペクトルにわたり、まんべんなく吸収、また同様に放射する性質を持った、理想的な物質のこと。

である。またエントロピーは球殻である地平面の面積に比例、つまり質量の二乗に比例することになる。ブラックホールは外にエネルギーを放出するだけ質量を失い、質量を失うほどブラックホールの温度は高くなり放出の度合いはさらに強くなる。つまり最後は爆発的に蒸発して跡かたなく消えることになる。

ブラックホールが蒸発する?

しかし、今宇宙に天体として観測されているようなブラックホールが、すぐ蒸発してしまうようなことはない。多く観測されている太陽質量程度のブラックホールの温度は6×10^{-8}度Kであり、蒸発時間は2×10^{66}年で途《と》轍《てつ》もなく長く、宇宙の年齢、一三八億年よりはるかに長い蒸発が現実に観測されることはない。しかし、ホーキングと共同研究者は宇宙の始まりごろの高密度の時代に質量が10^{15} g程度のミニブラックホールが作られる可能性もあることを示している。もしこのようなミニブラックホールが作られたとすると温度は一〇〇〇億度、寿命は二五〇億年程度である。ブラックホールの蒸発理論はあまりにも当時の常識に反し、ホーキング自身、最初は自身の導いた結果を受け入れられなかったが、この厄介な結果を取

K：ケルビンと読む。温度を示す単位のひとつで、ゼロK＝摂氏マイナス二七三・一五度。ちなみにゼロKは絶対零度とも言われる温度のこと。

り除こうとしたけれど、うまくいかず、結局受け入れざるを得なかったという。しかし、この理論の発表当時には多くの人々は反発したものの、理論的整合性などから、次第に反発した人々を含め受け入れたと言えよう。二〇〇一年、私が開催した国際会議でホーキングに東京大学安田講堂で一般市民むけの講演をしていただいた。彼は「スイスの欧州原子核研究機構の大型ハドロン衝突型加速器《ラージハドロンコライダー》†（LHC）でミニブラックホールが作られ、その蒸発が発見されたら、ノーベル物理学賞はいただきだ」とジョークをとばし聴衆を沸かせた。

ブラックホールの蒸発理論は、しかし理論物理学に大きな謎を投げかけた。この世界は厳密に物理学の法則、因果律に従って運動している。したがって、原理的には現在の状態を知れば過去の状態も完全にわかる。量子論ではユニタリー的†に発展するといわれているが、情報量は必ず保存されて変化するというものである。しかし、ブラックホールに物体が飲み込まれるとき、多量の情報をもって二度と出てこられない事象の地平面を通過すると、それらの情報は外界から消えてしまうことになる。ブラックホールはホーキングら研究者によって三本の毛しかないことがわかっている。三本の毛とは、ブラックホールが持つことのできる性質、つまり情報量で

大型ハドロン衝突型加速器：陽子などの素粒子どうしをぶつけることで、高エネルギー状況の物理を探求する施設。日本の山手線に匹敵する、大きなループ状の装置である。二〇一三年にノーベル物理学賞を与えられた「ヒッグス粒子の発見」のヒッグス粒子は、この装置によって発見された。

ユニタリー的：一言では説明しづらいが、大まかにいえば、ユニタリー性とは「物理的状態の確率が正の値を持ち、負の確率が現れたりせず保存しながら発展する」ことを意味する。

もあるが、それは質量、角運動量（自転の度合い）、電荷である。実際は三本の毛があるが、この分野では一般に「ブラックホールの無毛定理」と呼ばれている。つまり、落下した物体が持っていた情報は三本の毛以外はすべて失われるのである。ホーキングもこの情報喪失問題「インフォメーション・パラドックス」に悩んだが、この時点では、ブラックホールの内部では物理法則は破れすべての情報は消えるのだと主張していた。

インフォメーション・パラドックスを巡る「賭け」

当然反対の物理学者も多くいる。その一人、Ｊ・プレスキル†とＫ・ソーン†（ともにカリフォルニア工科大学）との三人で、どちらが正しいのかという賭けをした。二〇〇四年、彼は自説を撤回し、ブラックホールの内部にはそのまま落下した物体の情報は保存され、その情報は蒸発の過程で次第に外に持ち出されるのだという新説を発表した。そしてこの賭けに負けたことを認め、プレスキルに野球百科事典を贈った。しかし、新説はあくまでも仮説である。情報がブラックホールの内部に保存されることについては、空間の次元は私たちの三次元以外にも六つか七つ余剰の次元があるという超弦理論でブラックホールのエントロピーを計算するとホーキング

Ｊ・プレスキル：ジョン・プレスキル、一九五三〜。アメリカの理論物理学者。ソーンが一般相対性理論寄りの研究者であるのに対し、プレスキルは量子力学寄りの研究者で、量子計算理論の権威でもある。

Ｋ・ソーン：キップ・ソーン、一九四〇〜。アメリカの理論物理学者。最近では重力波検出の業績で二〇一七年のノーベル物理学賞を受賞したほか、映画『インターステラー』の物理学監修者としてもよく知られて

の求めたエントロピーと一致することが示されたこともあり、多くの研究者も支持するようになってきている。ただし、蒸発の過程でどのように情報が外部に出るのかは不明のままである。しかし、最近、二〇一六年にホーキングはケンブリッジ大学の同僚M・ペリーとハーバード大学のA・ストロミンジャーとで論文を書き、「ブラックホールは三本の毛だけではなく無数の量子論的『柔らかい毛』を持っているのだ、そして柔らかい毛もブラックホールの蒸発時に宇宙空間に放出され、遠方の時空に記憶されることになる」という仮説を提唱したのである。したがって、このとおりなら宇宙で情報の喪失はなくインフォメーション・パラドックスは解かれたことになる。たいへん壮大なシナリオではあるが、どのようなメカニズムで吸い込んだ物質の情報が柔らかい毛に書き込まれるのか、そもそも柔らかい毛の実態は何なのか、遠方の時空に本当に情報は書き込まれるのか、今後、さらに研究を深める必要があろう。

無境界仮説とインフレーション

一九八〇年代になって、私もその提唱者の一人であるインフレーション理論が先駆けとなり宇宙創生の研究が爆発的に進歩するようになった。イ

いる。

ンフレーション理論は、小さな量子宇宙を急膨張させ、その中に物質エネルギーを満たし、また銀河や銀河団など宇宙の構造の種《たね》を仕込む理論である。つまりビッグバン宇宙の起源を説明するものだ。インフレーション理論は大きな成功をおさめたが、しかし、それ自身で完結した宇宙創生論にはなっていない。なぜなら、インフレーションを起こす〝量子宇宙〟はどのように創造されたのかという根本問題が残されているからである。ホーキングと協力者J・ハートル†は一九八三年、インフレーション理論を強化するため「無境界仮説」を提唱した。ホーキングは「果てがないのが、宇宙の始まりの条件なのだ！」という。ここでの果てがないとは宇宙は「特異点」として始まったのではなく、虚数の時間で始まるなら物理法則にしたがってなめらかに始まったということである。ホーキング自身が大学院生のころ、「相対性理論に従うならば、宇宙は特異点から始まらなければならない」という「特異点定理」を証明したが、量子重力理論、つまり量子論的な一般相対性理論に基づけば、反対に特異点なしで宇宙は誕生するのだという理論である。最初の自分の理論を否定し、それを深めることにより、神の介入なしに宇宙は始まるのだという仮説を提唱したのである。この仮説により、生まれた宇宙は直ちにインフレーションを起こし、イン

J・ハートル：ジェームズ・ハートル、一九三九〜。アメリカの理論物理学者。一般相対性理論の大部な解説書、『重力——アインシュタインの一般相対性理論入門』（牧野伸義訳、日本評論社）でも知られる。

フレーションが終わる時点で火の玉宇宙が生まれるというシナリオが描けることになる。量子重力理論†は量子論と一般相対性理論を統合する理論だが、しかし、いまだ整合性のある理論はできておらず未完のままである。したがってそれに基づく量子宇宙理論も当然未完の理論である。しかし、それにもかかわらず、この仮説により量子宇宙が始まり、引き続いておこるインフレーションによってビッグバン宇宙が始まったというシナリオは、現在の宇宙創生のパラダイムであり、彼の偉大な業績の一つである。

一般に親しまれた「時間順序保護仮説」

しかし、ホーキングの研究がすべて成功したわけではない。一九八五年、京都での国際会議で「宇宙が収縮を始めたならば、時間の向きは逆転し、宇宙のエントロピーは減少に向かうであろう。私たちの脳からは記憶が消えてゆき、コンピュータのメモリーから情報は消えていくであろう」と述べた。コーヒーカップが落下して割れる映像と、その映像を逆回しにしてカップが元に戻る様子も見せ聴衆を驚かせた。これは彼の学生が行なった宇宙の波動関数の発展のシミュレーションを収縮期にも進めた結果だという。しかし、翌年にはこの「時間の矢の反転」を取り下げざるをえなかっ

量子重力理論：ビッグバンやブラックホールといった対象の研究には、極小の世界を司る量子論と、大スケールの世界を司る一般相対性理論を併用することを余儀なくされるが、この二つは理論として非常に折り合いが悪い。そこでこの二つをなんとか統合した理論をつくれまいかと、目下物理学界では試みがなされている途上である。

た。学生は、より自由度の大きい計算を実行すると収縮期でもエントロピーが増大する結果を得たが、ホーキングは当初これを認めなかった。最終的にはホーキングは自分のミスを認め、これを隠すことなくむしろ広めている。一九九一年、私が開催した国際会議で「これは、私が科学の分野で犯した生涯で最大のミスでした」と悔いている。そして「私は科学者が自分の間違いを認める場としての、『取り消しジャーナル』が世の中にあるべきだと考えたことがあります。しかし、でもそんなに多くの論文投稿者がいるとは思いません」と、彼一流のジョークで講演を締めくくっている。

彼の業績で、一般受けしているのは「時間順序保護仮説」の提唱であろう。ＳＦなどで速度が光速に近いロケットで宇宙旅行をして地球に帰ると、自分にとっては一年しかたっていないのに地球では何十年も過ぎ去っており、妻はすでにおばあさんで、子供は自分よりはるか年上となっている。このように相対性理論は未来へのタイムトラベルは許しているし、何の矛盾も生じない。しかし、過去へのタイムトラベルが可能となると矛盾が生じる。

過去の世界に行って自分の母親が結婚するのを妨げると自分は生まれな

いことになる。このような重大な自己矛盾を生じることから、物理的に過去へのタイムトラベルは不可能と考えるのが常識である。しかし、ホーキングの親しい友人であるK・ソーンは、時空のトンネル、ワームホールを使って過去に戻ることができる手順を一九八八年、アメリカ物理学会誌に発表した。つまり時空の物理学である一般相対性理論は、過去へ行けるタイムマシンの存在を許してしまっているのである。今、理論物理学者の課題は、なんとかしてソーンのタイムマシンを禁ずることである。一九九一年、ホーキングは直ちにワームホールを量子論的に考察し、ワームホールは量子効果によって潰れてしまい、過去には行けないという「時間順序保護仮説」を提唱した。彼は講演会では「タイムマシンが原理的にできるなら、未来からの旅行者で満ちあふれているはずですが、そうはなっていません」と楽しくジョークを飛ばしている。量子重力理論が未完の状況では証明は難しいが、タイムマシン問題は今後の量子重力理論の完成に向けたヒントにもなるかもしれない。

二〇〇〇年代のホーキングの思い出

ホーキングとの交流は、彼が音声合成装置に頼ることなく、自分の声で話をすることができたころから三〇年余になる。多くの思い出があるがその一つは一九九〇年、スウェーデンの山奥でノーベル財団の主催した、宇宙の誕生に関する会議である。孤立した山中に閉じ込められての会議で、食卓を囲んでみんなが雑談に花をさかせていると、彼がキー操作をして何かを打ち込んでいる。彼がそれを音声合成装置に送ると、ジョークが飛び出し、食卓に爆笑が起こるのである。ジョークがうけて、喜んでいる彼の姿が今も目に浮かぶ。彼は一九九七年に、南極に出かけた。二〇〇一年ごろ、それを聞いた私が、夕食を共にしたあるとき、「次は絶対宇宙に行かなければね」と冗談をいったところ、「身体障害者には宇宙空間は重力もなくもっとも優しい環境だ」という返事がすぐに返ってきた。そして実際、二〇〇七年には急降下する航空機で無重力を体験して楽しまれた。

二〇〇七年、彼は民間企業の援助を受けケンブリッジ大学に理論宇宙論センターを創設した。私は創立記念式典の招待を受け出席し、式典ではお祝いのスピーチをさせていただいた。彼は、インフレーション理論提唱から四半世紀を記念する国際会議も同時に開いた。この間《かん》の理論の発展やインフレーション理論の観測的裏付けが主要な講演だったけれど、初日にはA・グースや佐藤など提唱者の講演をセットしてくれたので大変楽しむことができた。

彼は、超ベストセラーである『ホーキング、宇宙を語る』（林一訳　早川書房、一九八九年）の後にも、優れた解説書を何冊か執筆した。私はこれらの解説書の翻訳やその監修をさせていただいたが、ジョークに満ち溢れており読んでいると実に楽しい。また「物理学の理論は観測結果を記述するための数学的モデルに過ぎない、その理論が真実に対応しているかという疑問は意味がない」という彼の実証主義哲学に基づいて書かれている。またその哲学によるのであろうが、マルチバース（多宇宙）を前提とした「人間原理†」の急先鋒である。物理法則が異なる宇宙は無限にあり、いまの物理法則はわれわれが存在しているという単なる環境因子にすぎないという立場である。

また彼の長女、ルーシーはサイエンスライターで、親子共著で子供向けの本も数冊書いている。彼女はまだ学生であったころホーキングに伴って日本にも来たことがあり面識もあった。そのような縁もあり、私は日本語版の科学的内容について監修をさせていただいた。日本の子供たちが科学の面白い話題をちりばめた楽しい物語を読むことによって自然世界の不思議を知り、科学の分野に進んでくれることを願っている。

人間原理：大まかに言えば、「この宇宙が非常に人間にとって好都合にできているように思えるのは、人間が宇宙にいるから。もし宇宙がほかのかたちを取っていたら、その宇宙に人間が生まれてそれを観察することもなかった」という論法。超弦理論は物理法則や空間の次元がそれぞれ異なる宇宙が無数にあるというマルチバース（多宇宙）を予言しており、人間原理の根拠となっている。

ウェストミンスター寺院に眠る

ホーキングはアインシュタイン以来、世界で最も良く知られた物理学者の一人だった。昨二〇一七年七月、ケンブリッジ大学で開催された彼の七五歳記念の国際会議「重力とブラックホール」では「物理学における私の一生」と題した、自身の研究を振り返る講演を元気に行なっている。しかし年末には体調を著《いちじる》しく壊していたという。ホーキングが亡くなられて一週間たったころ、ご葬儀の案内が家族から届いた。残念ながら都合をつけることができず、ケンブリッジの友人たちにホーキングの家族へのお悔やみの言葉を託すだけとなってしまった。葬儀の招待状には、ホーキングの言葉「私のゴールは単純だ。それは宇宙の完全な理解だ」と書かれていた。私たち科学者の目指す究極のゴールである。六月一五日、ウェストミンスター寺院で追悼式が行なわれた。この式典の礼拝には一般の方も申し込めば誰でも参加できたという。招待チケットの申し込みサイトでは、記入するべき申込者の誕生日については、二〇三八年一二月三一日まで選べるようになっていたという。つまり未来に生まれる「タイムトラベラー」をも招待している。いかにもタイムマシンを研究していた彼を追悼するのにふさわしいジョークである。

彼の遺灰は、ニュートンとダーウィンの墓の隣に埋葬された。これに合わせて欧州宇宙機関（ＥＳＡ）は巨大なアンテナで、音楽に乗せたホーキング氏の肉声をブラックホールに向けて流したという。

ぜひ近いうちに、ウェストミンスター寺院を訪れて彼の偉大な業績を振り返りながら思い出を深めたいと思っている。

＊　Ｆ・ホイルは宇宙の火の玉モデルを認めず宇宙は永遠不変であるとする定常宇宙論に固執し、このモデルを揶揄《やゆ》するような態度でビッグバンモデルと呼んだ。皮肉にも、この名前はガモフの理論をたいへん魅力的に表現したものであり、以後、ガモフの理論はビッグバンモデルとして広く知られるようになった。二〇世紀末には観測が進みほとんど否定されたにもかかわらず、一生、定常宇宙論に固執した。二〇〇一年、ホイルは亡くなったが、新聞社の求めに応じ追悼記事を私が書いた際に、「ホイルは適切な名前をつけることでビッグバン理論に寄与し、加えてそれを批判することで観測を推進させたことでも寄与したと言えるであろう」と結んだ。

＊＊　ホーキングはＡＬＳを発病したころ言語学を学んでいた女性、ジェーン・ワイルドと出会い婚約した。「結婚するためには職を得なければならないし、そのためには

は博士課程を終えなければならない」と考え、熱心に研究に専念するようになったという。二〇一四年、ホーキングの自伝的映画『博士と彼女のセオリー』が制作され、大きくヒットした。二人が知り合うころの様子が美しく描かれている。私はこの映画の日本語字幕の監修を依頼され、科学的誤りがないか、訳語が適切かを検証させていただいた。

参考資料

『ホーキング、宇宙を語る』S・ホーキング、林一訳、早川書房、一九八九年
『ホーキングの最新宇宙論』S・ホーキング、佐藤勝彦監訳、日本放送出版協会、一九九〇年
『時間順序保護仮説』S・ホーキング、佐藤勝彦解説・監訳、NTT出版、一九九一年
『宇宙における生命』S・ホーキング、佐藤勝彦解説・監訳、NTT出版、一九九三年
『ホーキング、未来を語る』S・ホーキング、佐藤勝彦訳、アーティストハウス、二〇〇一年
『ホーキング、宇宙のすべてを語る』S・ホーキング&L・ムロディナウ、佐藤勝彦訳、ランダムハウス講談社、二〇〇五年
『宇宙への秘密の鍵』S・ホーキング&ルーシー・ホーキング、さくまゆみこ訳、佐藤勝彦科学監修、岩崎書店、二〇〇八年

『ホーキング、宇宙と人間を語る』S・ホーキング&L・ムロディナウ、佐藤勝彦訳、エクスナレッジ、二〇一〇年
『ホーキング、自らを語る』S・ホーキング、池央耿訳、佐藤勝彦監修、あすなろ書房、二〇一〇年
『ホーキング、ブラックホールを語る』S・ホーキング、塩原通緒訳、佐藤勝彦監修、早川書房、二〇一七年

トマス・ハートッホ・インタビュー

聞き手＝欧州研究評議会（ERC）・松井信彦訳

ルーヴェン・カトリック大学のトマス・ハートッホ教授とケンブリッジ大学の故スティーヴン・ホーキング教授が、宇宙の起源に関する新理論を打ち出した。《高エネルギー物理学誌》に発表されたホーキングの最終論文は題して、「永久インフレーションからの滑らかな離脱？」。この論文は、無限の多宇宙《マルチバース》を捨て去ってより厳密な枠組みの宇宙論を提唱し、もっとシンプルで有限の宇宙を予想している。

お二人は宇宙の起源について新たな理論を提唱しました。現状の理論は何が問題なのでしょうか？

ビッグバンに関して現在有力な理論は永久インフレーションと呼ばれています。それによると、ビッグバンからは私たちの宇宙ばかりか、ほかにも数多くの宇宙が現れました――いわゆる多宇宙です。多宇宙はポケット宇宙のモザイクとしてイメージできます。あるいは、煮えたぎったお湯から泡が沸き立っているところ、といった感じでしょうか。ポケット宇宙どうしでは、物理や化学の法則が違っ

トマス・ハートッホ
2011©Guy Kokken

ていておかしくありません。星が存在したり生きものを育《はぐく》んだりするポケット宇宙もありえれば、ほとんど空《から》のポケット宇宙もありえます。

現在有力なこの理論の問題は、私たちのこの宇宙についてたいした予想をしないことです。多宇宙にはさまざまなポケット宇宙が存在するわけですが、その多様性の幅が一部で言われているように大きい、あるいは無限大なら、何でもありになります。そのため、この理論は適切な検証がなされえません。現代の基礎宇宙論が直面している大きな課題は、多宇宙を妥当で検証可能な科学的枠組みに仕立てることです。私たちはこの論文で、そうした方向への歩みを進めています。

お二人の新理論はその課題をどう克服して宇宙に関する理解を深めるのですか？

私たちの新理論は、途方もない多宇宙を、多様性の幅が格段に狭くてはるかに扱いやすいありうる宇宙の数々へと絞り込みます。これによって、多宇宙理論の予想する力と検証可能性が高まります。私たちのモデルの土台はひも理論と呼ばれる理論物理学の一分野で、一般相対論と量子力学の融合を目指しています。その中でも特に、ひも理論におけるホログラフィーという新しい概念が活かされています。この概念によれば、宇宙は大きくて複雑なホログラムであり、所定の三次元空間内の物理的な現実は数学的に面上の二次元投影に還元できます。

宇宙論に当てはめた場合、ホログラフィーの観点には、時間の発展は現れ出るものであって組み込まれているものではないという含みがあります。私たちの理論において、時間とともに発展する宇宙は、ビッグバンにおける時間のない状態から現れ出ます。この論文で私たちは、この始まりにおける宇宙の状態を記述する数学モデルを提唱しています。そして、どのような類《たぐ》いの宇宙が生まれうるかをこのモデルを用いて予想しています。従来の永久インフレーション理論では無限のフラクタル構造が予想されるのに比べ、私たちの理論の予想によれば宇宙は有限ではるかにシンプルです。

多宇宙に関する従来のモデルにそうした欠点があるなら、そもそもなぜ有力になったのか？　多宇宙が人気を得た、そしてある程度魅力的に映った理由は、宇宙のインフレーションに関する理論と相性がいいからでした。インフレーション理論によると、私たちの宇宙は進化の最初期の段階において加速的に膨張しました。インフレーションからは、宇宙マイクロ波背景放射――ビッグバンの残光――に見られるゆらぎのパターンが生まれました。ＥＳＡ（欧州宇宙機関）のプランク衛星がこの背景放射を詳しく測定し、インフレーションによる予想と一致するゆらぎのパターンを見つけました。

ですが、インフレーションそのものはこのパターンの詳細は予想しませんし、異なるポケット宇宙がいくらでもある永久インフレーションともなれば、それどころではまったくなくなります。私たちの仕事は、インフレーション理論による予想を研《と》ぎ澄ますひとつの到達点と捉えられます。インフレーションがそもそもどのように始まったのかを説明するのです。

お二人の理論はいつか検証可能になるとお考えですか？

初期宇宙に関する理論は、それぞれによる予想を人工衛星による観測結果と、なかでも宇宙マイクロ波背景放射の測定結果と照らし合わせることで検証できます。天空のさまざまな方向から私たちに届いてくる背景放射のわずかな温度ゆらぎのパターンから、そして背景放射の偏光からは、宇宙の最初期の段階に関する情報が豊富に得られます。

私はこれから数カ月で、私たちの宇宙の特徴についてこの新理論が含意するところを、宇宙望遠鏡で届く範囲のスケールでさらに詳しく検討するつもりでいます。一般論として、この新理論は、宇宙マイクロ波背景放射のゆらぎのパターンにはインフレーション中に生じた重力波からの寄与分がある、と予想しています。ビッグバンによる重力波の徴候が観測されれば、私たちが正しい方向へ進んでいることの確かな証拠となるでしょう。

宇宙が有限というのはいったいどういうことなのでしょうか？　なぜ無限ではありえないのですか？

重要なポイントは全体としての空間の大きさではなく、さまざまな領域ないしポケット宇宙についてその多様性の幅を私たちが格段に狭めたという事実です。私たちの予想では宇宙の見かけは大ざっぱに言ってどこも同じで、永久インフレーションに関する従来の理論による予想とは根本的に違っています。

宇宙の起源や構造を理解すること。これは科学者にとって野心的にすぎる難題ではありませんか？

科学者たるもの、野心的であるべきです！　宇宙の仕組みを理解することにかけて、科学者は大きな進歩を遂げてきました。ですが、私たちの宇宙の起源に関する研究を自然科学の範疇《はんちゅう》にすっかり持ち込むという目標に変わりはありません。つまり、数学的に一貫性があると同時に観測によって検証可能でもある宇宙論を打ち立てたいのです。

もっともな話として、私たちに観測できる対象には、ひいては私たちに知ることのできる事柄には、根本的な限界があるに違いない、とお思いの方もいらっしゃるでしょう。そのとおりかもしれませんし、それについてはわからないとしか言いようがありません。ですが断固として、できる限りの挑戦を懸命にやり続けるべきです。なんといっても、純粋な科学的探究は、人類の何より野心的でわくわくする使命のひとつなのですから。

そうやって打ち立てられた宇宙論がこの世界における人々の見方や行動に影響を及ぼしうるとお考えですか？

ＥＲＣとの面談（訳注：ハートッホとホーキングの本研究はＥＲＣの助成金を受けている）の最後に、審査員からこう問われました。私のプロジェクトに天文学全般や天文学以外に対するより広範な意味合いがあるとすれば何か？　私はこう答えました。私のプロジェクトの目標のひとつは、『なぜ宇宙は今のような姿なのか、そしてこの壮大な仕組みの中で私たちはどのような境遇にあるのか』といった積年の疑問に現代の科学的手法を用いて答えることであり、個人的な意見として、天文学や宇宙論はこうした疑問に取り組むことを避けて通るべきではないと考えている、と。こういった疑問こそ、今回の新しい論文が基本的に扱っている内容です。

宇宙に関する理論の数々について私が何より心を打たれるのは、それらが現実について統一された理解を与えてくれることです。宇宙論は、宇宙史上のあらゆる出来事が密接に結び付いていることを示しています。私たちがこの地球上に存在していることは、ビッグバンで起こったことと深く絡み合っています。たとえば、ビッグバンの残光に残る温度のごくわずかなゆらぎは、私たちが今の宇宙で観測している構造の種《たね》です。現代の宇宙論をもとにある種総合的に考えてみると、私たちがある特別な宇宙進化のまさに一部であることがことさらに強調されます。私たちの存在、ひいては私たちの行動は万物の壮大な仕組みとは無関係、という従来のコペルニクス的世界観はすっかり時代遅れなのです。

（ＥＲＣ公式サイトの、二〇一八年五月二日の記事によった）

ハートッホ氏ご本人、およびＥＲＣの許諾を得て掲載しています。
This article is translated and published by courtesy of Thomas Hertog and ERC.
https://erc.europa.eu/news/stephen-hawkings-last-paper-co-authored-erc-grantee-posits-new-cosmology-interview

ホーキング「最終論文」を読む――内容解説

白水徹也

（編集部注）

1　はじめに

永久インフレーションの描く宇宙？

今年三月に亡くなったスティーヴン・ホーキングは、共同研究者のトマス・ハートッホとの共著で、『永久インフレーションからの滑らかな離脱？』という論文を書いていた。ホーキングの「最終論文」として広く報道もされたこの論文の内容を解説したい。

この最終論文は、現代宇宙論の中核をなすインフレーション理論で問題となっている、永久インフレーションにまつわる困難の解消を目指したものと言える。大まかに言えば永久インフレーションとは、インフレーションという、原初宇宙で起こったとされる宇宙の急激な膨張現象が終了することなく永遠に続いていく、という考え方である。ただ、永久インフレーションという考え方に立つと、そこからは宇宙全体について、それが歪《ゆが》みのひどい複雑に入り組んだ形であるというような、物理学上の予言がなされてしまうのが通例だった。

写真提供：白水徹也

物理学者もそれを良しとする者ばかりではなく、ホーキングとハートッホも本論文によって、この問題に対して一石を投じた。すなわち、永久インフレーションから最終的に複雑に歪んだ宇宙が生まれ出る確率は低い、ないしはゼロであることを示したのだ。永久インフレーションという考え方も、じつは綺麗な丸い形をしている宇宙を好むものであるのかもしれない――すなわちタイトルにあるとおり、永久インフレーションからの離脱は「滑らか」になされるのかもしれない。

私たちが望遠鏡などを用いて観測できる範囲において、宇宙は綺麗な形をしている。一方で観測できない領域の形についてまではわからない。これまで永久インフレーションが予言してきたように、大きく膨らんで歪んでいる、観測にかからない領域があるのかもしれない。はたまた、どこまでいっても綺麗な形なのかもしれない。しかし、たとえ歪みがあったとしても、それが永久インフレーションによる結果である可能性は低いことを今回の結果は教えてくれる。

本論文は、ホーキング自身が一九八三年にハートルと提唱した無境界仮説を採用した量子宇宙論を基礎に、永久インフレーションの描く宇宙の姿について考察を行なうものである。

インフレーションと一般相対性理論

インフレーションは現代宇宙論において欠かせないものとなっている。インフレーションは宇宙誕生間もない時期に起きたと考えられ、その急激な膨張で空間が引き延ばされることにより、少なくとも観測できる範囲では宇宙はつるつるになり、そこに小さな密度のムラが生じ発展して、銀河が形成されてゆく。その密度のムラをちょうどいい塩梅《あんばい》で与えてくれるのがインフレーションだ。

この議論はアインシュタインの一般相対性理論†を基礎としている。質量やエネルギーを持つ物体間に働く重力は時空†の歪みにより記述され、その

一般相対性理論：アインシュタインが一九一五年に発表した理論で、特殊相対性

歪み具合はアインシュタイン方程式によって決められる。この方程式は、時空の歪みを表す幾何学的量が物質の密度で与えられることを教えてくれる。私たちに身近な地球周辺ですら時空は湾曲《わんきょく》しており、そのため時間の進み方も場所によってまちまちであるし、空間内の平行と思っていた二本の線が交わったりする。たとえば、地球表面上の時間の進み方は、上空での時間の進み方と比べて遅い。また、宇宙全体に一般相対性理論を応用すると、時空の歪みは宇宙自体の膨張（時間経過とともに、空間が伸びてゆく）という形で現れる。

この理論を土台に、どのようにして元素ができたのか、いかにして銀河が作られたのかが、見事に説明されてきた。また、二〇一六年にブラックホールの合体で発生した重力波が検出された。重力波は時空のさざ波のようなものであり、光速で時空の歪みが伝搬することがアインシュタイン方程式から予言されていた。人類は新たな観測手段を手にしたことになる。

ブラックホールとホーキング

ホーキングは業界を活気づける刺激的な研究を発表し続けてきた——重力理論と量子論の交差点†という、いまだ全容の解明されていない分野で。

理論で解決できなかった重力の問題を解決したもの。アインシュタインの重力理論などとも呼ばれる。

時空：アインシュタインの特殊相対性理論以降、時間と空間は別個に存在するものではなく、まとめて時空という一つの存在として扱うのが定番となった。

重力理論と量子論の交差点

もっともわかりやすく、かつインパクトのあるものは、太り続けると思っていたブラックホールが痩せていくことを指摘したことであろう。量子論のかかわらない古典物理†の枠内において、ブラックホールが太り続けること（面積増大定理）を数学的に証明したのはホーキング自身である。一九七二年のことだった。古典論では、〝初期のデータを与えると、方程式を解くことで未来が完全に決定される〟という決定論的予言が原理的に可能である。しかし、その三年後、ミクロな世界を支配する量子論を考慮することにより、ブラックホールが蒸発することを示したのもホーキングだった。

ブラックホールは太陽の約八倍以上の質量を持つ恒星が崩壊することにより形成されると考えられている。いったん形成されると、重力が強いため飲み込んだものは、古典論の範疇《はんちゅう》においては二度と吐き出さない。普通の星は、形に凸凹があったり、組成が多様だったりという、豊かな構造を持っている。一方、ブラックホールは形成後まもなく、カー・ブラックホールと呼ばれる、回転（角運動量）と質量の二つの物理量だけで決まる時空に落ち着く。このこと自体も驚くべき事実である。この、ブラックホールに山も谷もないことを証明したのもホーキングだ（ブラックホールの剛性《ごうせい》

…重力を支配する一般相対性理論と、ミクロの世界を支配する量子論とは、それぞれは精緻な理論なのだが、合わせて現実に適用しようとするとうまくいかないことが多い。それゆえ、この二つをなんとか統合しようとする試みが盛んになされている。

古典論と量子論：二〇世紀の初めに極小の物質世界を扱う分野から生まれた、従来の直感に反するさまざまな現象を扱う理論が量子論で、量子論以前の物理学を古典論・古典物理学と呼ぶ。

定理)。

ブラックホールには、地球の地表のようにはっきりとした表面があるわけではない。ブラックホールに近づく者はその上に降り立つことはできず、大きさのない物体なら何事もなかったかのように表面を通りすぎて、いつのまにか外に出られなくなってしまう。大きさを持った物体ならば、潮汐《ちょうせき》力《りょく》(異なる場所で働く重力が異なることから生まれる、物体を広げたり縮めたりする力)により粉々に破壊されてしまう。このようにのっぺりとして特徴のないブラックホールでも、内部のどこかに星だったころの思い出が記憶としてとどめられているはずだ。それが物理法則の教えるところである。ところが、その何も外に出られないはずのブラックホールが蒸発してしまうかもしれないのだ。蒸発の際に放出される放射のスペクトルは質量と角運動量だけで決まる、特徴にとぼしい、つまらないものである。星の豊かな構造に関する情報はどこに消えてしまったのだろうか。これが有名な情報損失問題で、今なお未解決のままである。

宇宙とホーキング

次に宇宙全体に目を向けてみよう。ホーキングはペンローズの研究に触発され、現実の宇宙が特異点から始まったことを厳密に数学的に証明した（特異点定理、一九七〇年）。彼が大学院生のときである。それまでにも宇宙の形が一様等方《いちようとうほう》†とよばれるつるつるな空間の場合、一般相対性理論のアインシュタイン方程式を直接解くことで、宇宙が密度の無限大になる特異点から始まったことがわかっていた。しかし、現実の宇宙を丁寧にみると綺麗な形をしていない。銀河やダークマターを源《みなもと》とする重力のために、小さなでこぼこがある。さらに細かくみると、地球の周辺でも時空は曲がっている。現実の宇宙では密度が一点に集まることはなく、特異点はないのではないか、と考える研究者がいるのも自然で、論争が続いた。

　しかし、必ずしも「綺麗」でない現実の宇宙を対象として、実際にアインシュタイン方程式を厳密に解くことは不可能である。そこで、ホーキングとペンローズは数学で発展していた幾何学を時空に応用することで、ある時刻（たとえば現在）で宇宙が膨張し、物質が普通のもの（正のエネルギー密度、エネルギー流が光速を超えないなどの性質を満たすもの）であるならば、宇宙に始まりがあることを証明するのに成功した。しかし、驚くべきことに、その一三年後にホーキングはハートルと「宇宙には始まりがない」という禅問答のような提案を行なった。ミクロな世界を支配する

一様等方：大スケールの観点で見た宇宙の性質について言われる性質。「一様」とは宇宙のどの場所をとっても性質が同じであること。「等方」とは、宇宙のどの方向を見ても同じで、特別な方角というものがないこと。

量子論を重力にうまく取り入れることで、ホーキングが宇宙の始まりの謎に挑んだ瞬間であった。これが無境界仮説である。この提案が正しければ、宇宙の始まりについて心配する必要がなくなる。この無境界条件が本論文においても採用されている。

ホーキングの戦略

これまでの研究において、ホーキングはまず古典論で数学的に厳密に証明し、完全に他の逃げ道を塞《ふさ》いだうえで、最後の逃げ道、量子論からの洞察を行なってきた。しかし、時空を支配するアインシュタイン方程式を一般の状況で解くことは難しい。そこで、ホーキングは具体的に解くことなく、いくつかの自然な仮定のもとで、高度な数学を用いることで結論をみちびく。エレガントとしかいいようがない。とはいえ、最近ではアインシュタイン方程式を数値計算†で解く手法が確立し、ブラックホール連星の合体からの重力波などが計算できるようになっている。そして、たしかに面積増大定理がよい精度で確かめられている。

ブラックホールからホログラフィーへ

数値計算：方程式を解くことで厳密に解をもとめられない問題について、有限の精度の数値を用いて近似的に解を得る手法。

今回の論文の具体的計算で採用されているのがホログラフィーである。ホログラフィーの名前は二次元のデータを用いて三次元の映像を生成する技術に因《ちな》んでいる。ここでは四次元時空のデータを三次元の理論で記述するという立場をとっている。このようなホログラフィーの原点もやはり、ホーキングの若いころの研究にある。先程述べたブラックホールの蒸発を示したころ、ブラックホールがその表面（事象の地平面と呼ばれている）の面積に比例するエントロピー†を持っていることに気がついたのだ。エントロピーとは、ある系の持つ情報を計る量である。私たちからみれば、ブラックホールは三次元の天体の一つであるが、その情報はその表面に蓄積されているのだ。まさにホログラフィーである。

2　宇宙の波動関数と無境界仮説

宇宙の始まりと量子宇宙論

観測から、宇宙が現在膨張していることがわかっている。過去に遡《さかのぼ》れば、宇宙は縮小してゆく。一般相対性理論に従えば、宇宙は過去に向か

エントロピー：五四ページを参照。

って収縮し続け、有限時間内に一点に潰《つぶ》れる。これが時空の特異点である。

先に紹介した特異点定理により、古典論の枠内で考える限り必ず宇宙には特異点が過去にあったことになる。宇宙の始まり、すなわちそれより過去がないという意味で、時間方向に境界があると考えるのだ。しかし、この初期特異点ではエネルギー密度などが発散する、すなわち無限大になるため、宇宙の始まりは物理学によって記述できるものではない。通常、物理学では発散のない初期値や境界条件（境界での値）のもと、系の運動や振る舞いを、方程式を解くことによって予言する。この常識が宇宙に対して成り立たない、という事態になっては困るから、「宇宙の始まり」という問題を解決しなければならなくなる。

しかし、宇宙は高いエネルギーの、超高密度に圧縮された状態から始まったわけであるから、ミクロな世界を支配している量子論を考慮しなければならない。一般相対性理論の量子論版、すなわち量子重力理論†が必要であるが、いまだ完成されていない。そこで、ハートルとホーキングは宇宙について、そのサイズという特徴のみに注目することで、宇宙の量子論を一九八三年に展開した。同時期にヴィレンキンによっても同様のシナリオが提案されている。ホーキングらの提案の特徴はこのあとで説明するとお

量子重力理論：前の注でも触れたが、相性の悪い量子論と一般相対性理論とを折り合わせ、統合する理論で、その候補としては後で出てくる超ひも理論、あるいはループ量子重力理論などが提唱されている。

り、時間を虚数とし無境界条件を採用したところにある。今回の論文でもその基本路線を採用している。一方、ヴィレンキンは身近な（といってもミクロな世界の）物理現象（トンネル効果）をお手本にとった。

量子論

古典物理と異なり、量子論ではすべて確率的である。その確率は波動関数によって計算される。たとえば、粒子の位置に関する波動関数は、粒子の空間における存在確率を与え、どの場所にいる確率が高いかを教えてくれる。

しばしば言われることであるが、ミクロな世界では、物体は粒子であると同時に波でもある。電子を例にとり、有名な二重スリットの実験からその性質をみてみよう。電子を二重スリットに向かって照射し、その背後にある面《スクリーン》で検出することにする。スクリーンには点状の電子が一つ一つ、スリットを抜けて到達していることが観測される。一見、無秩序にパラパラと電子が点在しているように見えるが、電子の数を増やしていくと、ある濃淡のパターンが現れる。このパターンが波の干渉パターンと同じなのだ。つまり、電子一つ一つは粒子なのだが、総体として波のように振る舞っていることになる。古典論では説明できない現象だ。波としての性質をあらわすのが波動関数で、シュレーディンガー方程式を解くことで決定される。

古典的に考えるかぎり粒子が存在しないだろうと思える場所でも、確率がゼロでなければ、存在することになる。たとえば、古典物理の枠内では超えられない壁があったとしても、すり抜け通過することも可能である。これがトンネル効果である。日常の直感では理解し難いが、量子力学のこのような性質が、電子機器に頼っている現代社会の基盤を支えるに至っている。

径路積分法

量子論を考える際に、波動関数が満足するシュレーディンガー方程式を解くか、ファインマンによって提案された径路積分法†を用いるかの、二つの方法がある。両者は等価†であるが、目的に応じてメリットデメリットがある。ハートルとホーキングは後者を採用した。そこで、まずは径路積分法について少しみてみよう。

系のある状態（始点）からある状態（終点）への遷移《せんい》確率が、作用関数

径路積分：経歴総和（法）とも言う。

等価：ここでは、「どちらの理論も数学的には同じものと見なして差し支えない」というほどの意味。

（に虚数単位 i を掛けてプランク定数で割ったもの）が肩に乗った指数関数を始点と終点を固定したあらゆる径路について和（積分）をとることで計算できる。この、指数関数の部分に、実は粒子の波としての特性が反映されている。なぜなら、虚数を指数関数の肩にもつものは、数学でよく知られたオイラーの公式†により三角関数で書けるのだが、周期関数である三角関数こそ、周期現象である波†を体現するものであるからだ。

作用関数は径路の関数となっており、古典的な運動の場合に最小の値を与える。量子的な効果が小さい場合、さまざまな径路についての和の中で、古典的な運動の径路が最も効くため、それとその周辺の径路からの小さなずれからの寄与だけを考慮することで定性的な議論が可能となる。古典的な運動からずれた径路からの寄与は、指数関数が波のようにバタバタと正負に値をとるため（複素数なので、実部と虚部おのおの）、径路について和をとると波同士が打ち消しあい、多くが相殺してしまうのだ。波は山と谷が重なると消える。これが鞍点《あんてん》法による径路積分の近似的計算処方だ（この鞍点法があとで再登場するので、気に留めておかれたい）。

無境界波動関数

オイラーの公式：「世界でいちばん美しい数学の公式」の人気投票をすると必ず選ばれる方程式で、特にその特別な場合のオイラーの等式は $e^{i\pi}=-1$ というシンプルな形をしている。

波としての三角関数：代表的な三角関数である $y=\sin x$ をグラフに書くと左のような、同じ形が周期的に繰り返される恰好をしている。まさに波のように見えないだろうか。

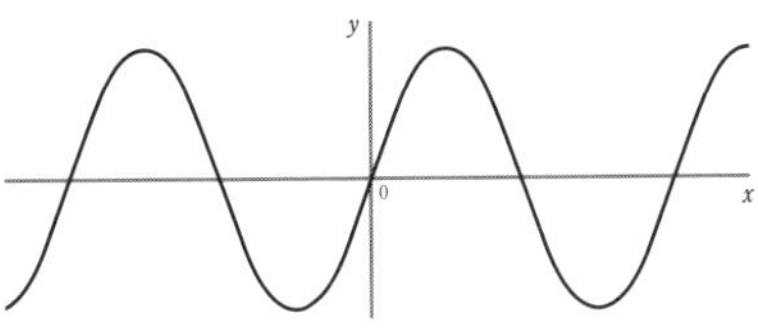

ハートルとホーキングは宇宙について径路積分を考える際に、虚数時間を導入することにより、径路に「無境界条件」を課した。実数であった時間を虚数として扱うと、四次元時空を四次元の空間としてみることができ、その四次元空間のさまざまな形を径路積分における径路として積分をとることで、宇宙の波動関数が決まるとしたのである。その際に、「終点」の三次元面を除いて、四次元空間に境界がないものだけを径路として選ぶことを課したのだ。

つまり、「終点」は四次元時空のある時間一定の三次元空間面（勝手に選ぶことができる。たとえば、現在の宇宙）にとり、「始点」はないとするのである。最も簡単なものとして、四次元球面の一部である半球面が考えられる。四次元球面の赤道面による断面は三次元球面であるが、それ以外に境界はない。あらゆる点が平等であり、どこが始まりというわけでもない。論文本文中に無境界状態、無境界波動関数とあるのは、このような境界条件で決められた宇宙の状態を指す。波動関数が決定されれば、「終点」の三次元空間の確率が計算できる。

虚数時間は量子力学においてトンネル現象†を扱う場合に、数学的な処方箋として用いられる。時間が虚数というと、読者の中には深遠な意味を追

トンネル現象：四二ページを参照。

求したくなる方もいるかもしれないが、あくまでも計算方法の一つであり、研究者はそこに深遠な意味を見出してはいない。

この無境界条件のもとで得られる波動関数は、主に膨張する宇宙と収縮する宇宙の重ね合わせで与えられる。こうした、異なる状態の重ね合わせのあり得るのが、量子力学の古典論と違う大きな特徴である。一方、ヴィレンキンの波動関数は、大きさゼロの宇宙から誕生し、膨張し続ける（波の進行方向を膨張する方向にとる）という条件を波動関数に与えてシュレーディンガー方程式を解くことで求められる。この場合の波動関数は、トンネル波動関数とも呼ばれている。

3 インフレーション

インフレーションの提唱

誕生直後に宇宙は指数関数的（すなわち倍々の激しいペースの）膨張を経験したと考えられている。一九八一年に佐藤勝彦やA・グースによって提唱されたインフレーションである。彼らは力の大統一理論†におけるヒッ

力の大統一理論：このあと

グス場†のもつエネルギーの宇宙での役割を考えることで、宇宙が指数関数的に膨張することに気がついた。
　急激に膨張するために宇宙の温度が急激に下がるので、もう一度宇宙を温めなければならない。さもなくば、元素などが合成されなくなってしまうし、銀河なども形成されなくなってしまう。そこで、現在のような宇宙へと移行するためには、インフレーションはある時点で終了する必要がある。ところが、大統一理論に基づくシナリオではうまく終了しないという問題があった。そこで新しいモデルが次々と提唱されていった。

宇宙の地平線問題

　インフレーション提唱以前の宇宙論（ビッグバン宇宙論）にはいくつか問題があった。その一つが宇宙の地平線問題である。
　私たちが観測する際には主に光を用いる。光は光速†という有限の速度で伝搬する。したがって、私たちがたったいま見たものもすでに、光が伝わるのにかかった時間だけ過去のものであり、遠くを見れば見るほど過去を見ることになる。しかし、宇宙には始まりがある以上、観測できる宇宙の空間の領域は有限である。宇宙誕生から現在までの時間が有限であり、光

「モノポール問題」という節でくわしく説明されるが、「現在の自然界を司る主な四種類の力は、最初にあったただ一つの力が分かれてできた」とする物理理論。

ヒッグス場：素粒子のひとつ、ヒッグス粒子を生み出す「場」。物質に質量を与えるものとよく言われるが、右の四つの力のうち三つを統一する「標準理論」の立役者で、ヒッグス粒子が現実に発見されたことで標準理論の正しさが立証され、提唱者のヒッグスらが二〇一三年にノーベル物理学賞を受賞している。

光速：光は瞬時に伝わるように見える。実際、秒速三〇万キロメートルというものすごい速さだが、伝わるのに時間がまったくかからないわけではない。ちなみに、宇宙の何ものも光速を超えて移動できないという

の速さが有限だからである。つまり、観測可能な領域には限界があり、その限界を宇宙の地平線（いまの場合、地平線は二次元の〝面〟であるから、正確には宇宙の地平面というほうが誤解がないが、ここでは地平線と呼んでおく）という。しかし、ここで疑問が生じる。現在観測する宇宙の中の物質分布などのパターンを分析すると、どの方向を見ても同じなのだ。

そうしたパターンがまったく同じであるからには情報などの伝えあいがなければならず、したがってそうした領域は因果関係で結びついていると言える。一方、宇宙が誕生してからそのようなパターン、すなわち構造ができるまでの時間のあいだに因果関係を持つことのできた領域のサイズは、宇宙の地平線のサイズよりも圧倒的に小さい。過去に因果関係のなかった領域のあいだに関係がついているかのように見えるわけだが、これはどういうわけであろうか。これが宇宙の地平線問題である。

モノポール問題

もう一つの問題がいわゆるモノポール問題だが、それはこういうことだ。

自然界には四つの基本的な力（相互作用）があると考えられている。重力、強い相互作用、弱い相互作用、電磁相互作用の四つである。この四つ

事実に基づいているのがアインシュタインの特殊相対性理論。

は、遠い過去には一つのものだったと目《もく》されている。過去に遡《さかのぼ》ったとき、宇宙の歴史の中で、まず弱い相互作用と電磁相互作用が統一される。素粒子の標準模型†のことであり、すでに実験によって検証済みである。さらに過去に遡ると、強い相互作用も統一されていると考えるのは自然であるし、そのような模型が提案されている。これが大統一理論である。さらに宇宙誕生のころには重力も統一されていたはずだと多くの研究者は考えており、その理論の宇宙に残された痕跡を探すべく日夜研究が進められている。

力の進化の時計を宇宙の始まりから現在まで進めてみると、統一されていた力が時間経過とともに分化していることになる。そして、分化のたびに、宇宙に備わった「対称性†」という性質に変化が起きている。より多くの力が統一されている場合のほうが、より高い対称性を持っている。つまり、時間が経つに従い、対称性が破れてゆくのだ。

その変化のなかで、エネルギーの高い領域が空間のあちこちに残されることがある。それは位相欠陥と呼ばれる、宇宙の化石のようなものだ。そのなかで、大統一理論の対称性が破れる際に、モノポールと呼ばれる粒子状の位相欠陥が大量に生成されることが知られている。しかも、そのモノ

標準模型：右の四つの基本的な力（相互作用）のうち、強い力、弱い力、電磁力の三つをまとめあげた理論体系のこと。

対称性：あるものとあるものを移動させたり、入れ替えたりしても、まったく前後に違いがない場合、そこには対称性がある、と言われる。英語ではシンメトリー。たとえば、回転させても変わらないのが「回転対称性」。

ポールは他の粒子に分裂してなくなったりしない、安定な性質を持っていると考えられるために、実際の観測と矛盾する。観測でモノポールが見つかっていないからだ。

インフレーションはこれらの問題を容易に解決することができる。インフレーションのように指数関数的に加速的に膨張する宇宙であれば、因果関係があった空間のサイズも膨張に伴って急激に広がると考えられるから、宇宙の地平線問題は解決される。同時に、体積が急激に広がることで、モノポールの密度も薄まり、観測との矛盾もなくなる。

スローロール

インフレーションは、具体的には「スカラー場」[†]という場によって引き起こされると考えられている（ただし、そのスカラー場の正体はわかっていない）。インフレーションを十分起こすためには、そのスカラー場のエネルギーがある期間一定になる状況が要求される。この状態をスローロールという。ゆっくり転がるという意味である。

この運動をコントロールしているのが、ポテンシャルである。ポテンシャルは山に例えられる。山の斜面が急であれば、そこを早いスピードで駆

スカラー場：「場」とは、平たく言えば、ある量をもったものがその周りの空間を通じて影響をほかのものに及ぼしているとき、その影響が伝わっている空間のことを言う。その空間は何もない真空であってもよく、真空なのに何かが伝わるのだ。スカラー場とは多様な「場」のひとつだが、わかりやすく言えば、天気図の

け下りて行く。スカラー場も同じである。スローロールするためには、ポテンシャルに平坦になっている箇所が必要である。山で例えるなら高原になるだろうか。もちろん高原でなくとも、京都洛中のように十分なだらかな斜面であってもよい（京都市内中心は歩いているとほぼ平坦なように思うかもしれないが、実は南側を除く方向に向かってなだらかに登っている）。しかし、平坦あるいは十分なだらかな斜面のままだとインフレーションは終わらないため、またどこかで駆け下りるように、ポテンシャルが適当に傾いている必要がある。最終的に落ち着いて、現在の私たちの住む宇宙に移行する。

宇宙の大規模構造

インフレーションの時期に宇宙の構造の種《たね》が生まれたと考えられている。宇宙の構造とはいわば物質の密度の濃淡だが、これが量子論的に生成され、密度の濃い箇所が銀河へと成長してゆくわけだ。同時に宇宙背景放射†にも密度の濃淡が生まれた（この事実も、ブラックホールの表面である事象の地平面と宇宙の地平線とのアナロジーから、ホーキングとギボンズによる一九七七年の研究の中で指摘されていた）。宇宙背景放射とは、現在三ケ

気温を示した図などもスカラー場の一種といえる。

宇宙背景放射：本文にあるとおりの、宇宙を満たしているごく低温を発する放射、すなわち光のこと。よくビッグバンの名残と言われるが、当初の灼熱の状態から

ルビン（摂氏マイナス二七〇・一五度）の温度で宇宙全体を満たしている光のことである。この温度にも微弱な濃淡があるのだ。これらの濃淡のパターンがインフレーションの予言するものと見事に一致しているため、直接的な証拠は現時点でないものの（たとえば、インフレーションを起こす場の正体もわかっていない）、多くの研究者からインフレーション理論は支持されている。

インフレーションでは、銀河などの構造の種《たね》が作られると同時に、重力波†も生まれる。この重力波の詳細が観測され、インフレーション理論の予言するものと同じであることが確認されれば、インフレーションの存在はより強固なものとなるであろう。一方で超ひも理論などからは、インフレーションを起こす要因となる場が多数考えられることが知られている。また最近では、現在のヒッグス場が宇宙誕生間もないころにインフレーションを引き起こした可能性も議論され始めている。ヒッグス場とは素粒子の標準模型の構成要素の一つで、素粒子に質量を与える役割を果たすものだ。

永久インフレーション

インフレーションにはいくつものシナリオが考えられている。そのなか

長い時間をへて冷めていった結果が、この宇宙背景放射だとも言える。略称CMB。

重力波：三四ページを参照。

でしばしばとりあげられるのがカオス的インフレーションである。

　スカラー場は量子力学に従ってポテンシャルの山のさまざまな位置に分布する。スカラー場が十分ゆっくり転がりインフレーションを起こすようなことも、確率的にはあり得ることだろう。このような現象が空間のさまざまな場所でランダムに起きるが、量子力学的効果が大きい場合、空間のどこかで必ずインフレーションが起きており、したがって時空全体でみるとインフレーションが永久に続くことになる。

　一方でインフレーションの終了した空間領域もあり、そこでは宇宙膨張の仕方が緩《ゆる》やかになるが、インフレーションが起きている場所は大きく空間が膨らむため、空間全体の形は極めていびつなものになると考えるのが自然だととらえられてきた。ただし、観測で見える領域ではそのようないびつな構造は見えていない。大きく膨らんだ空間同士を繋《つな》ぐ空間は相対的に体積が小さいので、多宇宙のような世界†が生まれることになる。

4　超ひも理論の発展——ブレーンとホログラフィー

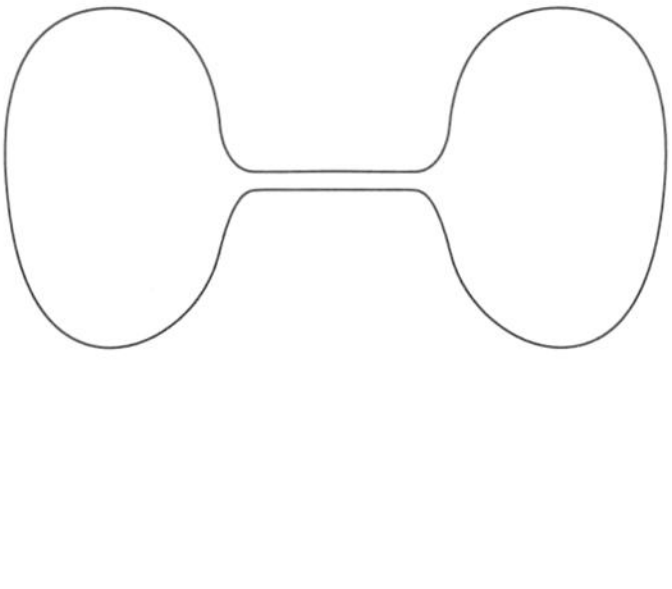

多宇宙のような世界：部分的なイメージではあるが、右のような形を想起されたい。

量子重力と超ひも理論

宇宙の誕生を理解するためには、当時は宇宙自体がミクロな存在であったため、一般相対性理論とミクロな世界を支配する量子力学とを統合する必要がある。今なお未完成の量子重力理論である。ホーキングとハートルがしたように、宇宙を特徴付ける量を宇宙のサイズに絞ることで宇宙誕生の青写真を描くことはできたが、あくまでも青写真は青写真でしかない。

量子重力理論にはいくつか候補があるが、最有力候補は超ひも理論であろう。超ひも理論の基本要素は粒子ではなく、ひもである。ひもには開いたひもと閉じたひもがあり、それらの振動によって多様な粒子が表現される。また、二〇世紀終わりに新しい要素、ブレーン（brane）が加わることで超ひも理論は大きな発展を遂げた。ブレーンとは薄膜《メンブレーン》(membrane)を略したもので、その名のとおり、薄い面であり、開いたひもの端が張り付いている。面も葉巻のように丸めて、遠くから眺めればひものように見えたりもするため、〝すべてのブレーンは平等だ〟という意味で「ブレーン民主主義」を謳《うた》った、タウンゼントのような研究者もいた。

ブラックホールエントロピー試験

このブレーンの登場により、ブラックホールのエントロピー†の計算が可能になった。

エントロピーとはある系の取り得る状態の数の対数をとったものであり、その系の複雑さを表す指標を与える。一九七〇年代のベッケンシュタインとホーキングの研究により、一般相対性理論におけるブラックホールのエントロピーは面積に比例していることが指摘されていた（ベッケンシュタイン＝ホーキング公式）。通常、系のエントロピーはその体積に比例するのであるが、ブラックホールについては面積に比例しているというのだ。ということは、ブラックホールの状態の情報はその中ではなく、なんと表面に収められていることになる。

どうしてそうなのか長年謎であったが、電荷と質量が一致するような特殊な理論上のブラックホールに対して、ブレーンに纏《まと》わりついたひもの状態を数え上げることでそれが説明できると、ストロミンジャーとヴァーファが示した。超ひも理論が量子重力理論への登竜門を通過した瞬間であった。

ホログラフィー

エントロピー：俗に「乱雑さ」「めちゃくちゃ度」をしめす度合いなどと言われる概念だが、正確には上のように定義されるもので、ある系の情報の量をしめすものとしても使われることから、近年は情報理論に関して引き合いに出されることも多い。

さらに、ブレーンを多く集めればブラックホールが形成されるのに注目することで、〝高次元の重力理論と低次元の物質の理論、特に共形場《きょうけいば》の理論と呼ばれるものとが一致する〟という予想が、マルダセナによって一九九七年に提案された。

空間三次元のブレーンを複数枚平行に、近接させて並べてみる。ブレーンには開いたひもの端が張り付いている。このひもは物質、特にいまの場合ヤン＝ミルズ理論†によって記述されるものに対応し、強い相互作用を表す理論を含む。一方で、ブレーンの重みにより時空は歪《ゆが》み、ブラックホールになっていると解釈することができる。ここでのブレーンは電荷と張力が釣り合っており、それから形成されるブラックホールもまた電荷と質量が釣り合ったものになっている。

このようなブラックホールの事象の地平面近傍《きんぼう》は、五次元の反ド・ジッター時空に五次元球面を掛けたものになっている。このことから、ブレーンに張り付いた四次元時空上のヤン＝ミルズ理論と五次元球面の反ド・ジッター時空上の重力理論が等価であることが予想される（等価であることを、互いに双対《そうつい》†であるという）。これがAdS/CFT対応である。AdSは反ド・ジッター（deSitter）時空、CFTは共形場の理論の略記であり、ヤン

ヤン＝ミルズ理論：前述の自然界の四つの力のうち、「強い力」とかかわりの深い理論で、アメリカの物理学者ヤンとミルズによって提唱された。

双対：二つの対象の、ある意味裏返しの、対になった関係のことを言う。数学で

＝ミルズ理論も含まれる。反ド・ジッター時空とは、アインシュタイン方程式の解の一つで、負の宇宙定数†を持ち、負の一定曲率を持つ時空である（逆に、正の宇宙定数を持ち正の一定曲率を持つ、私たちにある意味なじみの深い時空がド・ジッター時空）。

（宇宙論では通常加速膨張を説明するために正の宇宙定数を考えるが、超ひも理論ではしばしば負の宇宙定数が当然のように現れる。これは、いわゆる宇宙定数が正の値だと宇宙が膨張してしまうが、それだと超ひも理論の「超」の由来である超対称性と相性が悪いためにそうなっている）

マルダセナの予想は、ちょうどホログラフィーに類似のものであると考えることができる。ホログラフィーとは二次元のデータから光を用いて三次元の映像を映し出す技術のことである。極端な言い方をすれば、私たちの四次元宇宙上の物質の振る舞いは五次元時空によって記述されるというものだ。次元とは何か考えさせられる。私たちの日ごろの認識では空間三、時間一の四次元までだが、実は五次元時空がブレーンに投影されただけ、と解釈することもできる。好きなほうを選べるわけである。そして、四次元時空上の物質の理論の計算が困難な場合、この対応関係を用いて、五次元時空の重力理論に置き換えて計算することが可能である。臨機応変に便

はたとえば、「点と線は双対の関係にある」と言ったりする。というのは、「二つの点を通る直線は一つ」という文章で、点と直線を入れ替えても、「二つの直線が交わる点は一つ」という、意味が通じる文ができるのだ。数学や物理では興味深いと同時に重宝される概念の一つ。

宇宙定数：もとはアインシュタインが一般相対性理論の式に加えた数学的な「定数」のこと。もともとは膨張したり収縮したりしない宇宙を記述するためにした工夫だったが、ハッブルの宇宙膨張の発見に際し、これを一般相対性理論の式に加えたのが自分の「最大の過ち」だったとアインシュタインが悔いたというのは有名な「伝説」。しかしこの「定数」は、近年観測されて物理学界を驚かせた、宇宙の加速膨張を「予言」していたとふたたび持ち上げられている。Λ（ラムダ）という文字で表される

利なほうを用いることができる。

このAdS/CFT対応の提案以降、超ひも理論の研究対象が大きく広がっていった。素粒子はもとより、原子核、宇宙、超伝導、誘電体、量子情報などなど、対象は全分野に及びつつある。また、さまざまな次元の場合にも議論されており、高次元時空を「バルク時空」、そしてそれに双対な低い次元の時空上の物質の理論を「境界理論」と呼んだりしている。本最終論文では、四次元の量子宇宙論と三次元空間上の共形場の理論との対応関係が鍵を握ることになる。

ベッケンシュタイン＝ホーキング公式から笠《りゅう》＝高柳《たかやなぎ》公式へ

二〇〇六年に大きな発展があった。高柳と笠によって、ホログラフィーを用いることで、ベッケンシュタイン＝ホーキング公式がブラックホールではない普通の系にも拡張されたのだ。

ブラックホールの場合、いったん入った物質は外に出られないことから、その外側と内側の境界面である、事象の地平面が存在する。外側の観測者からブラックホールの内側を見ることはできない。しかし、量子論的にはブラックホールの外と内側がもつれあっている（量子もつれ†という）。べ

こともある。

量子もつれ：アインシュタ

ッケンシュタイン＝ホーキングのエントロピー公式は、そのもつれの度合いを計る量としても解釈されている。

　このようにブラックホールの場合、外と内側を分ける敷居が自動的に存在するが、そうでない場合にも、勝手に敷居を立てることができる。たとえば、三次元空間の二次元球面で囲まれた領域の内側と外側とを人為的に区別し、内側を観測しないことにすれば、ブラックホールと同様の設定になる。このような場合にAdS/CFT対応を用いると、量子もつれを計るエントロピーが、二次元球面を境界に持ち五次元反ド・ジッター時空に広がった極小曲面（端を固定して面を変形させたときに面積が極小となる面）の面積に比例することに、高柳と笠は気がついた。実は、回転のないブラックホールの事象の地平面も（境界を持たない）極小曲面であるので、彼らの観察は的を射たものになっている。これは笠＝高柳公式と呼ばれ、ベッケンシュタイン＝ホーキング公式を発展させたものとして、世界で注目を浴びている。

5　無境界波動関数とホログラフィーとインフレーション

インの相対性理論によって、もののあいだに瞬時に力などが伝わる「遠隔作用」は否定されたが、量子論の量子はそうした、複数の粒子が何の媒介もなしに相関した振る舞いを見せる、遠隔作用としか考えられない挙動を示す。この現象を「量子もつれ」あるいは「エンタングルメント」などと言う。最近では量子コンピューティングにも関連して注目されている。

永久インフレーションは、空間のさまざまな場所でインフレーションが起きることで実現される。しかし、この現象が量子的であることが問題であることを、本最終論文では指摘している。

どこでどのような確率でインフレーションが起きるのかは波動関数で決まる。一方、インフレーションからの観測的洞察を考察する際には、通常古典的に扱うことができるスカラー場や時空のまわりの小さな量子揺らぎを評価することによって、物質や背景輻射《ふくしゃ》の密度の濃淡の特性に関する物理学上の予言を行なう（論文要旨にある「インフレーションに関する通常の扱い」の部分に該当する）。そうするためには、古典的に扱う部分と量子論に従う部分とが分離されている（この分離は曖昧なものであるのだが）必要がある。その際に、量子的な効果は小さいことが前提とされている。

しかし、永久インフレーションの場合は、そのありようから量子論的な効果のほうが古典的な部分を大きく上回ってしまっている。そこで、大きな量子効果を正しく取り入れた形で議論する必要があり、本来ならば永久インフレーションは量子重力理論で考察すべきであるというところが、本論文の書かれた動機である。

M理論

彼らが今回の出発点としたのはM理論と呼ばれる、超ひも理論を統一的に扱う理論と期待されているものである。M理論のMはマザー(mother〔母〕、すべての超ひも理論の母親だから)、あるいはメーンブレーン(membrane、メーンブレーンを用いて定式化できると目《もく》されているから)の頭文字に因《ちな》んでいると言われている。

超ひも理論はこれまで五種類提案されて、しかもそれらは一〇次元時空で定式化されていた。その後、ブレーンの登場により、五種類の理論はある一つの理論の異なる断面を観察していたことが次第に明らかになり、一一次元時空のM理論が登場した。低いエネルギーにおいて、M理論は一一次元時空の超重力理論となる。この超重力理論は超対称性を伴う重力理論であり、アインシュタイン方程式を含むものだ。そして超対称性により、量子論からの寄与がコントロール〔計算〕しやすいものになっている。

ここで超対称性について説明しよう。粒子は、ボゾンとよばれるものとフェルミオンとよばれるものの二つに分類される。前者の代表格は電磁波を担《にな》う光子、後者は電子である。超対称性がある場合、それらの粒子に対してそれぞれパートナーが存在する。光子の英語名フォトン（photon）の名にちなんでフェルミオンのフォティーノ（photino）、電子（electron）のパートナーはボゾンのスエレクトロン（selectron）と呼ばれている。これらに関連する量子効果は互いに逆符号で効き、相殺する傾向があるため、計算がしやすいのが、超対称性を持ち込む利点の一つだ。また、古典論の枠内にある超重力理論から得られる洞察に一定の予言力があるのはこのためでもある。

ただし、私たちの時空は四次元であることもあり、余分な七次元分をコンパクト化する必要がある――それも簡単に観測できないほど小さく、だ。もとの理論は一一次元時空のものであるが、このような操作により四次元時空上の有効理論が得られる。こうして得られる超重力理論は、アインシュタイン重力と負のポテンシャルを持つスカラー場とからなることが知られている。

準古典近似の破綻《はたん》

しかしホーキングらは一つの障害に直面した。それはこうだ。

先に径路積分†という手法について触れたときに説明したように、量子力学においては、始点と終点を固定し、時空のあらゆる径路について作用関数（をプランク定数で割ったもの）が肩に乗った指数関数の重みをつけて和（積分）をとることによって、始点から終点に至る遷移《せんい》確率を評価できる。ホーキングらの場合、無境界条件をとっているため、始点は普通の点であった。時間を虚数にとっているがゆえに、その周辺は近似的には四次元平面と変わらないため、宇宙の始まりでも終わりでもない、ただの四次元空間の点である。一方、終点は本論文のテーマに沿って、永久インフレーションの閾面《しきいめん》にとられている。

このように形式的な定式化をするのは可能であるが、問題はこれをどう具体的に計算し、確率分布を求めるかにある。こういう場合にしばしば、径路積分のなかで最も確率の計算に効く径路だけ選んで評価する方法が用いられる。鞍点法《あんてんほう》†と呼ばれている方法だ。しかし、それを用いるにあたっては、取り扱い説明書をよく読まなければならない。実は、鞍点周辺の量子揺らぎ†が大きい場合、この近似法を使用してはいけない。量子効果が小さな場合にのみ鞍点法は通用するのだ。

径路積分：四二ページを参照。

鞍点法：四三ページを参照。

量子揺らぎ：何もない空っぽな空間でも、量子論的にはたえずエネルギーの上下があり、ゆらゆらと揺らいでいると言える。そんな状

ホログラフィーの採用

そこで彼らが注目したのが、前節で紹介したAdS/CFT対応である。本論文の場合、バルク時空は四次元AdS（反ド・ジッター時空†）と七次元球面の積で与えられる。径路積分をとる際には時間を複素平面に拡張して行なわれるため、スカラー場の負のポテンシャルが正のポテンシャルとなる径路も存在し、その径路上では時空がdS（ド・ジッター時空）となる。ド・ジッター時空とは、正の宇宙定数を持つアインシュタイン方程式の解であり、インフレーションしている宇宙を表す時空のなかでもっとも簡単なものである。一方、バルク時空に双対な理論はABJM（Aharony, Bergman, Jafferis, Maldacena の頭文字を取った）理論と呼ばれているものである。この理論はM理論の中の要素の一つであるM2ブレーンを表すものとして提案された。M2ブレーンとは空間二次元の面のことで、一〇次元時空の超ひも理論を一次元高い一一次元のM理論に格上げする際に、超ひも理論の基本的な構成要素である空間一次元の構造を持つひもが、一次元高い二次元のものに拡張されたものと考えてほしい。たとえれば、ある閉じたひもを想像するとして、そのひもの太さをドーナッツのように膨らませたときの、その表面のようなものだ。ただし、一定の進展はあるものの、

態を指して呼ぶ言葉で、「無から有を生む」という言い回しを想起させる。

反ド・ジッター時空：英語では**Anti-de Sitter space**。五五ページも参照。

M理論の全容は現在でも明らかになってはいない。

通常のAdS/CFT対応と状況が異なるのは、四次元時空と時間一定の三次元面上の物質の理論との対応があるとするところである。ただし注意しなければならないのは、この対応関係は実はマルダセナのような超ひも理論の考察に基づいていないことだ。しかし、ホーキングらは逆手にとって、それを指導原理として、永久インフレーションの閾面《しきいめん》の分布確率を評価する立場をとっている。

また、本来ならばＡＢＪＭ理論を用いて計算を進めるべきであるが、本論文ではさらに単純化を行ない、代用品として$O(N)$対称なベクトル場が取り上げられている。$O(N)$対称とはN次元の平坦な空間（ユークリッド空間）上で、一点を固定し、長さを保つ変換のことで、特にここではN個のベクトル場に関連した便宜上のN次元ユークリッド空間を指す。われわれが体感できるような空間とは別のものである。

宇宙の形の分布

まとめると、四次元時空を扱うのではなく、それに双対な三次元の物質の理論（$O(N)$対称なベクトル場）を用いて、永久インフレーションの閾《しきい》面《めん》の確率を評価するという手法が採《と》られている。この手法は二〇一二年のハートッホとハートルによる論文の中の、一般化された議論にもとづいている。すなわち、確率の測度《そくど》は双対な場の理論の状態数の評価によって計算される、というものだ（ホログラフィック測度）。確率はその定義からあらゆる場合の確率について足し合わせると1になるものであるが、確率測度とは、この足し合わせをどのような重みでとるか決めるものだ。本論文では特に、確率測度の閾面《しきいめん》の形への依存性を調べるために、潰れた三次元球面についての議論が詳しくなされている。その結果、潰れ方が激しい場合の確率がほぼゼロになることが示されている。また、面の曲率が負の場合も、共形場の理論の特性が山辺不変量《やまべ》†と呼ばれる幾何学量で特徴付けられることに注目し、確率がゼロになることが示されている。

物理学において、しばしば単純な系においては、形の綺麗な場合がエネルギーの低い状態に対応し、そして系はよりエネルギーの低い状況を好む傾向がある。さもなくば、その系を解き明かすことを物理法則にもとづいて行なうのは困難になるであろう。ここでもそれが顕在化していると考えることもできる。

山辺不変量：日本の数学者、山辺英彦（やまべひでひこ）から名を取られた、ある種の大域的な幾何学的概念。

多宇宙？

通常永久インフレーションが予言する宇宙の姿はいびつなものであるが、結局本論文の主張は、そのような確率は低いであろう、ということである。要は、「永久インフレーションによっていびつな宇宙が現れるとは考えられない」ということだ。

しかし、それによって多宇宙の世界観を彼らが完全に否定しているわけではない。多宇宙を予言するのは永久インフレーションだけではないからである。たとえば、佐藤やグースらによるインフレーション提唱直後に、小玉、佐々木、佐藤、前田らによって、「宇宙の多重発生」を主張する理論が提唱されている。それによれば、宇宙の中での相転移《そうてんい》†現象で生成される泡の空間配位によっては、インフレーションしている領域がワームホールによって分断される場合がある。この場合、インフレーションしている宇宙がワームホールで接続されている描像になり、多宇宙が実現される。

その他にも、高次元時空における多宇宙もある。超ひも理論において、物質はブレーンに張り付いていると考えるのが自然である。つまり、われわれの膨張宇宙は高次元時空内を運動するブレーンとして捉えられる。ブレーンが一つである理由は特になく、むしろ多数のブレーンが存在すると

相転移：物理的には、ある系の相が別の相へと変わることを言う。たとえば、水が凍って氷になったり、水が沸騰して湯気になるのは相転移にほかならない。さまざまな物理学研究にフィーチャーされる、興味深い現象と言える。

考えるのが自然だ。ブレーンがわれわれの住む宇宙であるから、宇宙はたくさん存在することになる。そして、ブレーン同士が衝突する可能性もある。

残された課題

ホーキングらは、今回の研究では極端な単純化を行なっていることに、論文の最後で触れている。また、本論文では宇宙の歴史も単純化されている。実際には古典的にスローロールする時期もあれば、輻射や物質優勢の時期を経て、現在の宇宙定数優勢の第二の加速膨張期といったものもあろう。これらをすべて考慮した理論はないが、それらを考慮したからといって、本質的に結果が変わるとは考えにくいだろう。先にも触れたように、より綺麗な形を物理は好む傾向があるからである。

しかし、最も重要な問題は、計算の出発点となっているホログラフィーが仮説の段階にとどまっていることである。元のAdS/CFT対応も予想の域にとどまるものの、多数の状況証拠から信頼性は高い。一方、今回のような四次元宇宙とそのある時間の断面とのあいだの双対性が本当に成り立つのかどうかはわからない。

6　さいごに

ホーキングに影響を受けた研究者は多い。そういう私もその一人である。この分野に足を踏み入れるきっかけもホーキングだった。一九九〇年のNHKスペシャルでまさに宇宙の波動関数の話が取り上げられていた。両佐藤先生（佐藤文隆先生、佐藤勝彦先生）がホーキングの「最新理論」の紹介をしていた。そして、当時学部四年生だった私の卒業研究の一部として、無の波動関数についての解説が盛り込まれた。大学院でも、ホーキングの論文を参考に、インフレーション中のブラックホールの面積に上限があることを証明することができた。その際に、ホーキングに質問のメールを直接送ったところ、無名の私にも返事をくれた。そのときの感動は今でも忘れられない。

その後、幸運なことに、ホーキング率いる研究室に二年間所属することもできた。もう二〇年前の話である。ちょうど本書で鍵を握っているAdS/CFT対応が提案されて間もないころでもあり、ホーキングを含めケンブリッジ大学の教員によるセミナーの集中シリーズが開催され、若手研究者に大いに刺激を与えていた。ホーキングも学生と一緒に活発に研究を進めていた。日本の若手研究者も途切れることなくケンブリッジを訪れていた。ホーキングの研究室といっても、日本のようなものがあるわけでもない。しかし、常に近い分野の教員や学生が入り混じり、海外の研究室にしては大所帯の体《てい》の印象があった。ランチセミナーなどで出されていたピザなどはホーキングからのふるまいだったと聞いている。

本論文にあるホーキングの所属先の住所はウィルバーフォース・ロードとなっている。これは二〇〇〇年にできた新しい研究サイトである。街の中心から西に徒歩で一五分程度のところの、落ち着いた場所にある。それ以前は街の中心を走るシルヴァー・ストリート沿いにあった。近くにケム川が流れ、パント（平たいボート）の船着場もあったり、エバーグリーンの芝生に牛が放牧されていたりと、イギリスの典型的で牧歌的なムードに包まれていた。季節のよい時期は観光客で溢れ、程よい喧騒が心地よかった。気分転換できる場所に恵まれていた。お昼に、気が赴くままに近くでバゲットなどを買い求め、ケム川のほとりで食べるなどしていると、時折、近くの自宅からケム川沿いの小道を車椅子で通って研究室に行くホーキングにしばしば遭遇したものだ。

ホーキングのグループはニュートン以来の伝統のせいか、重力の基礎研究に重点を置いていたように思う。特に、超ひも理論を基礎とした研究が主体で、独創的な研究を発信し世界を牽引してきた。素粒子、宇宙、数学と分野横断的な交流が日常的に行なわれていた。研究室の垣根がなかったお陰だろうか。私にはとても居心地のよいところだった。

参考図書

『インフレーション宇宙論』佐藤勝彦（講談社ブルーバックス）
『宇宙は本当にひとつなのか』村山斉（講談社ブルーバックス）
『宇宙の謎に挑む　ブレーンワールド』白水徹也（化学同人DOJIN選書）
『大栗先生の超弦理論入門』大栗博司（講談社ブルーバックス）
『ホーキング、宇宙を語る』スティーヴン・W・ホーキング、林一訳（ハヤカワ文庫）
『ホーキング、未来を語る』スティーヴン・ホーキング、佐藤勝彦訳（SB文庫）
『エレガントな宇宙』ブライアン・グリーン、林一・林大訳（草思社）
『隠れていた宇宙』ブライアン・グリーン、竹内薫監修、大田直子訳（ハヤカワ文庫）
『ブラックホールと時空の歪み』キップ・ソーン、林一・塚原周信訳（白揚社）
『138億年宇宙の旅』クリストフ・ガルファール、塩原通緒訳（早川書房）

ホーキング最終論文

永久インフレーションからの滑らかな離脱？

スティーヴン・W・ホーキング＆トマス・ハートッホ
翻訳監修・白水徹也／翻訳・松井信彦

初出：*Journal of High Energy Physics* 誌

PUBLISHED FOR SISSA BY SPRINGER

RECEIVED: *April* 20, 2018

ACCEPTED: *April* 20, 2018

PUBLISHED: *April* 27, 2018

Article funded by $SCOAP^3$

永久インフレーションからの滑らかな離脱？

S・W・ホーキング[a]**、トマス・ハートッホ**[b]
[a] *DAMTP, CMS,*
Wilberforce Road, CB3 0WA Cambridge, U.K.
[b] *Institute for Theoretical Physics, University of Leuven,*
Celestijnenlaan 200D, 3001 Leuven, Belgium

電子メール：S.W.Hawking@damtp.cam.ac.uk、Thomas.Hertog@kuleuven.be

要旨：インフレーションに関する通常の扱いは、永久インフレーションでは破綻する。われわれは永久インフレーションの双対的な記述を、永久インフレーションの閾《しきい》における変形ユークリッド共形場理論（CFT）から導出する。その分配関数は、無境界状態における閾面のさまざまな形状に対する確率振幅を与える。双対な簡単な模型を用いてその局所的および大域的な挙動を調べたところ、丸い3次元球面にほぼ共形ではない面に対して確率振幅は小さく、曲率が負の面においては実質的にゼロであることがわかった。このことに基づき、われわれは永久インフレーションは無限のフラクタル的な多宇宙を作り出さず、その宇宙は有限でほぼ滑らかだと予想する。

キーワード：AdS-CFT 対応、ゲージ－重力対応、量子重力のモデル、時空特異点

ArXiv ePrint：1707.07702

目次

1　序論　4
2　永久インフレーションに対するホログラフィック測度　8
　2.1　設定　8
　2.2　局所的な測度：S^3 周辺での摂動　11
　2.3　大域的な測度：潰れた3次元球面　11
　2.4　大域的な測度：一般的な計量変形　17
3　議論　19

1　序論

永久インフレーション［1］といえば、ほぼ de Sitter（dS）時空となる期間がインフレーション中の多くを占めており、そこではインフレーションのエネルギー密度における量子ゆらぎが大きい。永久インフレーションに関する通常の記述では、ゆらぎの量子拡散のダイナミクスは、古典的なスカラー場のスロ一ロール運動周りの確率的効果としてモデル化される。確率的効果が古典的なスローロール運動を卓越することから、永久インフレーションが作り出すのは、概して大域的に非常に不規則な宇宙であり、極めて大きいか無限に広がった定密度面を持つ、とされている［2-5］。

だが、この記述は疑わしい。なぜなら、永久インフレーションのダイナミクスは、仮定されている古典的な背景と量子ゆらぎとの分離を拭い消すからである。永久インフレーションの適切な扱いは、量子宇宙論に基づいている必要がある。この論文では、ゲージ－重力双対性［6-8］を用いて、スカラー場によって生じる永久インフレーションの新たな量子宇宙論モデルを提唱する。われわれは永久インフレーションの閾面上でユークリッド双対理論を定義し、量子の世界から古典的な宇宙へという永久インフレーションの遷移を記述する。なお、これは暗にインフレ

ーションに気がついたオリジナルな洞察［9］に沿っている。その後の進化は古典的だと仮定する。

スローロールインフレーションに関する予言をより正確にするためには、永久インフレーションについての信頼に足る理論が重要である。なぜならば、永久インフレーションの物理が古典的な宇宙論の初期条件を定めるからである。特に、永久インフレーションの量子モデルは、古典的な宇宙論のいわゆるゼロモードの、ないし古典的なスローロールの背景運動の、前段階を定める。これがひいては、観測可能なスケールにおけるCMBゆらぎの詳細なスペクトルの性質に対する洞察を与える。

われわれの出発点は当然宇宙の無境界量子状態［10］である。この状態は基底状態を与え、インフレーションの起きる可能性が極めて低い傾向にある［11］。しかし、われわれは宇宙全体を観測してはいない。観測対象はほとんど、われわれの過去の光円錐に沿ったわずかな領域に限られている。無境界状態における局所的な観測に関する確率には、われわれの過去の光円錐の可能なさまざまな位置を考慮し、一定密度である面$\sum_f$の体積によって重み付けがなされている［12］。これにより、インフレーションの起きる確率分布が変換され、われわれの宇宙が永久インフレーションの期間から出現した、という予言が導かれる［12, 13］。したがって、無境界波動関数の観測的洞察を理解するためには、永久インフレーションを理解しなければならない。

ところが、無境界波動関数の標準的な鞍点近似が、永久インフレーションでは破綻する。そこで、われわれは体積の大きな極限における面$\sum_f$上で求められる波動関数の代用形を与える、ゲージ-重力双対性、ないしはdS/CFT［6-8］に切り替える。そこでは、波動関数は、$\sum_f$上で直接定義された、ある変形されたユークリッドCFTの分配関数として記述される。適当に複素数方向に変形されたユークリッドAdS/CFTは、dS/CFTが近似的に実現されることを導く［14-19］。このことは、正のスカラーポテンシャルVを伴う低エネルギー重力理論において、すべての無境界鞍点は、負の有効スカラーポテンシャル$-V$に支配された、内部で局所的にAdSであるドメインウォール領域によって、重

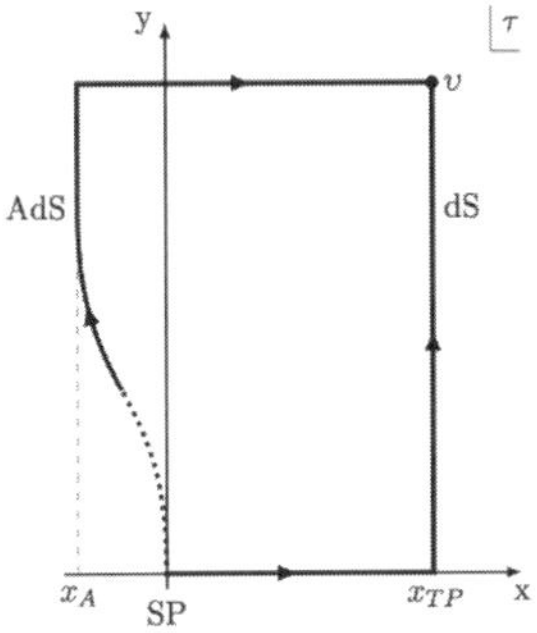

図1　あるインフレーション宇宙に関連した同じ無境界鞍点の、複素時間平面における2つの表現。鞍点作用には、無境界の原点ないし南極（SP）から $\sum_f$ 上の終点 v までの、時間 τ にわたる積分が含まれる。この積分の異なる積分路が鞍点の異なる幾何学表現を与え、いずれも $\sum_f$ 上の最終的な実配位 $(h_{ij}(\vec{x}), \phi(\vec{x}))$ に対して同じ確率振幅を与える。SPから上へ向かうほぼ垂直な積分路に沿った内部鞍点幾何は、複素スカラープロファイルを持つ、局所的にAdSである正則でユークリッド的なドメインウォールから成る。その正則化された作用は、関連したインフレーションの漸近的de Sitterヒストリーの、無境界状態におけるツリーレベルの確率を定める。ユークリッドAdS/CFTはこれを、(1.1) を与える双対な場の理論の分配関数と関連付ける。

み付けが完全に定められるある幾何学的表現を許す、という考察［18］から従う。このことを図1に示す。量子宇宙論はこのような形で、ユークリッドAdS/CFTとdS/CFTとが単一の複素化された理論の2つの実領域であるという見方を支持している［6, 14, 20–23］。3次元体積を大きくとる極限下において、これをもとに導出された提案が、次に示すEinstein重力における準古典的無境界波動関数のホログラフィー公式［18］である。

$$\Psi_{NB}[h_{ij}, \phi] = Z_{QFT}^{-1}[\tilde{h}_{ij}, \tilde{\alpha}] \exp(iS_{st}[h_{ij}, \phi]/\hbar) \tag{1.1}$$

ここで、ソース $(\tilde{h}_{ij}, \tilde{\alpha})$ は波動関数の引数 (h_{ij}, ϕ) と共形的に関係しており、S_{st} は通常の表面項、dS/CFTのこの形式での Z_{QFT} はユークリッ

ド AdS/CFT 双対の（複素）変形に対する分配関数である。境界計量 $\tilde{h}_{ij}$ は、背景およびゆらぎを表す。

ホログラフィー公式（1.1）をもとに、ホログラフィー技法が初期宇宙の宇宙論に応用され、実り多い有望な成果が上がっている（[15, 24-28] などを参照）。インフレーションが減速期へ転移するような、現実的な宇宙論に対するトップダウンモデルに対応する場の理論は特定されていない。しかしながら、既知の AdS/CFT 双対の多くが、永久インフレーションをホログラフィーの観点から研究するのに理想的で合っている。なぜなら、AdS_4 における超重力理論は概して、大きな ϕ に対して負のポテンシャルを持つ、質量 $m^2 = -2l^2_{\mathrm{AdS}}$ のスカラーを含んでいるからである。(1.1) の文脈において、このようなスカラーは、実質的に $-V$ によって支配されるこの理論の dS 領域で、（スローロール）永久インフレーションを生じさせる。現に、AdS における Breitenlohner-Freedman 限界は、dS における永久インフレーションの条件によく対応している。

この論文で、単一のバルクスカラーがスローロール永久インフレーションを起こすような類いの宇宙論の簡単な模型において、われわれは (1.1) を用い、永久インフレーションをホログラフィーの観点から研究する。われわれは双対理論を、スカラー場によって生じる永久インフレーション期間の閾（ないし出口）である大域的密度一定面 $\sum_f$ 上で定義する。インフレーションを生じさせるバルクスカラーは、双対理論において低次元スカラー演算子にスイッチを入れるソース $\tilde{\alpha}$ に対応する。よって、われわれはホログラフィーを用いて、永久インフレーションであるところのバルクレジームを取り去り、それを「世界の終わり」のようなブレーン上の場の理論の自由度に置き換える。これは、AdS における真空崩壊のホログラフィー的記述［29］にいくぶん類似しているが、この論文での解釈は異なる。

準古典重力に基づく従来の知見によると、永久インフレーションにおけるスカラー場が一定の値を持つ面は最も大きなスケールにおいて概して極めて不規則になり、局所的に負の曲率を持つ泡のような領域の配位

が発達してゆく。このことに対してホログラフィーがもたらす新たな観点によれば、一定のソース $\tilde{\alpha}\neq 0$ が存在する場合、分配関数の $\sum_f$ の共形幾何 h_{ij} への依存性から、永久インフレーションにおける定密度面の大域構造に対するホログラフィック測度が定まる。この測度のさまざまな性質を解析すると、丸い面からかけ離れた共形構造を持つ面の確率振幅は指数関数的に小さく、準古典重力に基づく予想とは対照的であることがわかる。また、一般論として、負の山辺《やまべ》不変量を持つ大きく変形されたすべての共形境界に対して、振幅はゼロであることを議論する。このことは、永久インフレーションが、インフレーション領域で分離された泡のような領域からなるモザイク構造を持つ、非常に不規則な宇宙をつくりだす、という広く受け入れられているアイデアに疑問を呈する。

2　永久インフレーションに対するホログラフィック測度

2.1　設定

正確を期すために、AdS$_4\times S^7$ 上の M 理論から無矛盾な切断近似によって得られるよく知られたポテンシャル

$$V(\phi)=-2-\cosh\left(\sqrt{2}\phi\right) \tag{2.1}$$

を持つ単一スカラー ϕ と結合した Einstein 重力から始める。ここで、$\Lambda=-3$、よって $l^2_{\mathrm{AdS}}=1$ となる単位を用いた。スカラーは、質量 $m^2=-2$ を持つ。したがって、大3次元体積領域において次のように振る舞う。

$$\phi\left(\vec{x},r\right)=\alpha\left(\vec{x}\right)e^{-r}+\beta\left(\vec{x}\right)e^{-2r}+\cdots. \tag{2.2}$$

ここで、r はユークリッド AdS において、スケール因子 e^r が全体に掛かる動径座標である。Fefferman-Graham 展開から変数 r を用いてこの

理論の漸近的(Lorentz 的な)dS 領域が複素τ平面内の垂線$\tau = r + i\pi/2$に沿って存在することがわかる［18］。このことは図1に示されており、rは、AdS 積分路のx_Aからx_{TP}にかけての水平分岐上で、実数値から虚数値へ変わっている。このことはまた、dS 領域において、元のポテンシャル（2.1）が正の有効ポテンシャル

$$\tilde{V}(\phi) = -V = 2 + \cosh(\sqrt{2}\phi) \tag{2.3}$$

として振る舞うことも意味している。このポテンシャルでは、インフレーションおよび永久インフレーションのための条件$\epsilon \leq \tilde{V}$（ここで、$\epsilon \equiv \tilde{V}_{,\phi}^2/\tilde{V}^2$）が、その最小値周辺の場の値のほどよく広い範囲に対して成り立つ。無境界波動関数（1.1）という枠組みにおいて、AdS 超重力理論と永久インフレーションとのこうした密接な関係は、AdS におけるスカラーの質量に対する Breitenlohner-Freedman 安定限界が、この理論の de Sitter 領域における永久インフレーションのための条件と詳細に対応している、という事実に由来している。

初期状態で$\phi \ll 1$であるバルク解は常に、宇宙定数Λによって支配され、自明な形で永久にインフレーションする。対照的に、初期状態で$\phi \geq 1$である解は、スカラー場によって生じる永久インフレーション期を持ち、これが最終的に、Λによって支配される期間へと移行する。波動関数（1.1）は、両クラスのヒストリーを含んでいる。われわれの主な関心事は後者のクラス、特に、この2つの期間の狭間にあるスカラー場が一定の転移面[1] $\sum_f$の、さまざまな（共形）形状に対する確率振幅である。

バルクにおける非一様摂動モードによる準古典波動関数の変化分は、

[1]現実的な宇宙論では、当然ながら、輻射や物質が優勢な中間的な時期を経てから宇宙定数が支配するようになる。しかし、ここでの関心事はスカラー場による永久インフレーションからの出口における宇宙の構造なので、この設定の簡単な模型は十分である。

宇宙の地平線を横切る時点での評価で $\sim \tilde{V}/\epsilon$ のオーダーとなる。永久インフレーションにおいては、$\epsilon \leq \tilde{V}$ である。したがって、この摂動により波動関数は広がって分布が広範囲にわたる [5]。このことは、次の事実のひとつの現れである。すなわち、宇宙の進化を支配するのは、準古典重力によれば、幾何のゆらぎとその反作用の量子的な拡散ダイナミクスであって、古典的なスローロール運動ではない [2-5]。一般的な議論によれば、この波動関数によって記述される典型的な個々のヒストリーは、泡のような、局所的に曲率が負の領域からなる配位を持つ、非常に不規則な定密度面に発達させる。後で、われわれはこのことをホログラフィーの観点から再考する。

われわれの設定に関する議論の締めくくりとして、いくつか技術的な注意をしておく。図1の v において評価される波動関数の引数 (h_{ij}, ϕ) は、実数である。つまり、インフレーション宇宙に関連する鞍点において、スカラー場は τ 面の縦方向の dS 線上で実数にならなければならない。展開（2.2）によれば、そのためには主要係数 α が虚数であることが必要で、それはつまり、スカラープロファイルが、鞍点の内部の AdS ドメインウォール部分全体に沿って複素数であることを意味する。ただ、バルクスカラーは、双対 ABJM 理論において、結合 α を持つ次元1の演算子 $\mathcal{O}$ による変形を与える。よって、このモデルのホログラフィック測度には、ある虚数の質量変形 $\alpha \equiv i\tilde{\alpha}$ が存在する場合における変形した3次元球面上の AdS 双対分配関数が絡んでくる。われわれの主な関心事は、十分大きな変形 α に対する $\tilde{h}_{ij}$ に関する確率分布である。というのも、そうした変形は、スカラー場によって生じる永久インフレーション期を持つヒストリーに対応するからである。最後に、われわれはスカラー場起源の永久インフレーションからの出口面 $\sum_f$ に関する双対を、図1の v において形式的に定義したが、$v \to \infty$ とすることも可能である。なぜなら、古典的な漸近的 Λ 期には、さまざまな共形境界幾何の相対確率を保持する、境界面の全体的な体積のスケーリングの取り替えが組み込まれているからである [18]。

2.2 局所的な測度：S^3 周辺での摂動

まず、丸い S^3 からの小さな摂動について、分配関数の一般的な振る舞いを改めて確認する。丸い球面の局所的周辺では、F 定理とそのスピン2変形への拡張によると、一般論として、丸い球面は分配関数の極小である。3次元 CFT に対する F 定理［30, 31］によれば、S^3 上の CFT の自由エネルギーは、適切な変形によって生じる RG 流に沿って減少する。最近、同様の結果が、共形 S^3 背景空間に対する計量の摂動について証明された［32, 33］。CFT のエネルギー－運動量テンソルと曲がった背景の計量との結合は、スピン2の変形を生み出す。自由エネルギーが丸い球面に対して極大であるという事実は、ストレステンソルの2点関数の正定値性と実質的に等価である。こうした結果をホログラフィック無境界波動関数（1.1）に適用すると、バルクにおける純粋 de Sitter ヒストリーはホログラフィック確率分布の極大であることが導かれ、これは永久インフレーションにおける準古典的バルク重力に基づく期待とは対照的である。

2.3 大域的な測度：潰れた3次元球面

次に、大きな変形に目を向ける。われわれのバルクモデルの双対は ABJM SCFT である。よって、（1.1）を評価するには、この理論の超対称性を破るよう変形したものの分配関数を評価するという問題に直面する。この評価はここでは試みない。その代わり、まず今回の設定の単純化された模型に焦点をあて、ここでは $O(N)$ ベクトル模型について検討する。この単純化された模型は、4次元における高スピン Vassiliev 重力に双対だと予想されている［34］。高スピン理論は Einstein 重力とは大きく異なる。しかし、豊富な証拠が示すところによれば、ベクトル模型の自由エネルギーの振る舞いは、スカラー、ベクトル、またはスピン2変形に限れば、Einstein 重力に対する双対の振る舞いを定性的に捉えている［35-37］。たとえば、スカラーポテンシャル（2.1）については、真空期待値とソースとの関係が特筆すべき定性的一致を見る［38］。

よって、われわれは本節でこれらのベクトル模型を永久インフレーションに双対な簡単な模型とし、大きな変形のある限定されたクラスについて分配関数を評価することにする。Einstein 重力と、われわれの予想を支持する一般的な議論には、後述の2.4節で立ち戻る。

具体的に、潰れた3次元球面上の $O(N)$ ベクトル模型

$$ds^2 = \frac{r_0^2}{4}\left((\sigma_1)^2 + \frac{1}{1+A}(\sigma_2)^2 + \frac{1}{1+B}(\sigma_3)^2\right) \tag{2.4}$$

について考える。ここで、r_0 は全体のスケール、σ_i $(i=1,2,3)$ は SU (2) の左不変1形式である。大きく潰れた場合に対して、Ricci スカラーは $R(A,B)<0$ であることに注意されたい［36］。われわれはさらに、結合 α を持つ質量変形 $\mathcal{O}$ を考える。これは、われわれの双対 $O(N)$ ベクトル模型において、自由 $O(N)$ 模型から臨界 $O(N)$ 模型へのフローを誘導するに適当な変形である。係数 α は、すでに議論したとおり、波動関数の dS 領域において虚数である。よって、臨界 $O(N)$ 模型の分配関数ないし自由エネルギーを、潰れパラメーター A および B と虚数の質量変形 $\alpha \equiv \tilde{m}^2$ の関数として評価することになる。関心の的となる疑問は、その結果として得られたホログラフィック測度（1.1）が、準古典重力から推論されるように、大きな変形を好むかどうかである。

変形臨界 $O(N)$ 模型は、シングルトレース演算子 $\mathcal{O} \equiv (\phi \cdot \phi)$ に対して追加ソース $\rho f \tilde{m}^2$ が効いている自由モデルの、ダブルトレース変形 $f(\phi \cdot \phi)^2/(2N)$ から得られる。$f \to \infty$ ととることで、この理論はソースが次元1を持つ不安定な紫外固定点から、次元2のソースの臨界固定点へフローする［34］。これを理解するため、われわれは質量変形された自由模型の分配関数

$$Z_{\mathrm{free}}[m^2] = \int \mathcal{D}\phi\, e^{-I_{\mathrm{free}} + \int d^3x \sqrt{g}\, m^2 \mathcal{O}(x)} \tag{2.5}$$

を考える。ここで、I_{free} は自由 $O(N)$ 模型の作用で

$$I_{\text{free}} = \frac{1}{2}\int d^3x\sqrt{g}\left(\partial_\mu\phi_a\partial^\mu\phi^a + \frac{1}{8}R\phi_a\phi^a\right) \tag{2.6}$$

と書かれる。ここで、ϕ_a は $O(N)$ 回転のもとでベクトルとして変換する N 成分場、R は潰れた境界幾何の Ricci スカラーである。補助変数 $\widetilde{m}^2 = \frac{m^2}{\rho f} + \frac{\mathcal{O}}{\rho}$ を導入すると、

$$Z_{\text{free}}[m^2] = \int \mathcal{D}\phi\mathcal{D}\widetilde{m}^2 e^{-I_{\text{free}}+N\int d^3x\sqrt{g}\left[\rho f\widetilde{m}^2\mathcal{O}-\frac{f}{2}\mathcal{O}^2-\frac{1}{2f}(m^2-\rho f\widetilde{m}^2)^2\right]} \tag{2.7}$$

が得られ、これは

$$Z_{\text{free}}[m^2] = \int \mathcal{D}\widetilde{m}^2 e^{-\frac{N}{2f}\int d^3x\sqrt{g}(m^2-\rho f\widetilde{m}^2)^2} Z_{\text{crit}}[\widetilde{m}^2] \tag{2.8}$$

と書かれる。ここで、

$$Z_{\text{crit}}[\widetilde{m}^2] = \int \mathcal{D}\phi e^{-I_{\text{free}}+N\int d^3x\sqrt{g}\left[\rho f\widetilde{m}^2\mathcal{O}-\frac{f}{2}\mathcal{O}^2\right]} \tag{2.9}$$

である。(2.8) の逆を取ると、Z_{crit} が Z_{free} の関数として次のように与えられる。

$$Z_{\text{crit}}[\widetilde{m}^2] = e^{\frac{Nf\rho^2}{2}\int d^3x\sqrt{g}\widetilde{m}^4}\int \mathcal{D}m^2 e^{N\int d^3x\sqrt{g}\left(\frac{m^4}{2f}-\rho\widetilde{m}^2m^2\right)} Z_{\text{free}}[m^2]. \tag{2.10}$$

ρ の値は、2点関数をバルク理論と境界理論とで比較して定められる [37]。$O(N)$ に対しては $\rho = 1$ と決まり、[39] のように臨界から自由模型への変換に一致する。

われわれは Z_{crit} を、1方向の潰れ $A \neq 0$ および $\widetilde{m}^2 \neq 0$ の場合について計算する。まず、潰れた球面上の自由な質量変形を伴う $O(N)$ ベクトル模型の分配関数を計算し、次いで、N の大きな極限で鞍点近似を用いて (2.10) を評価する[2]。(2.5) におけるガウス積分を評価することは、次の行列式を計算することになる。

$$-\log Z_{\text{free}} = F = \frac{N}{2}\log\left(\det\left[\frac{-\nabla^2 + m^2 + \frac{R}{8}}{\Lambda^2}\right]\right). \tag{2.11}$$

ここで、Λ はわれわれがこのモデルで紫外発散を正則化するために用いるカットオフである。(2.11) における演算子の固有値は、閉じた解析的形で

$$\lambda_{n,q} = n^2 + A(n-1-2q)^2 - \frac{1}{4(1+A)} + m^2, \quad q = 0, 1, ..., n-1, n = 1, 2, ... \tag{2.12}$$

のように求められる [40]。

(2.11) の無限和を正則化するため、われわれは [36, 37] に従い、熱核型正則化を用いる。熱核を採用することで、固有値の和が紫外部と赤外部とに分かれる。後者は収束し、問題なく数値計算できる。対照的に、前者は発散をすべて含んでおり、扱いに注意が必要である。われわれは、エネルギーカットオフを変化させた場合に高エネルギーモードの和がどう変化するかを検証することで、数値的に正則化する。そして、数値的フィットをもとに非発散部を推測し、それを低エネルギーモードの和に加算して、くりこまれた自由エネルギーの合計を求める。こうして得られる熱核正則化後の行列式は、エネルギーがカットオフ Λ を下回るモードをすべて取り入れている。カットオフを上回る固有値を持つモードの寄与は、指数関数的に小さい。この手順の詳細については、[36, 38] を参照している。

ホログラフィック測度を評価するためには、得られた結果を (2.10) の $Z_{\text{free}}[A, m^2]$ に代入し、N の大きな極限での鞍点近似を用いて積分を計算する必要がある。(2.10) に含まれている径路積分の外の因子は、大きな f 極限において発散する。これについては、適切な相殺項を加えて相殺する。これにより、鞍点の方程式は次のようになる。

[2] 2方向潰れ $A, B \neq 0$ に一般化しても、定性的に同様の結果が得られるが、多くの数値計算を要する。これについては、[38] で議論されている。

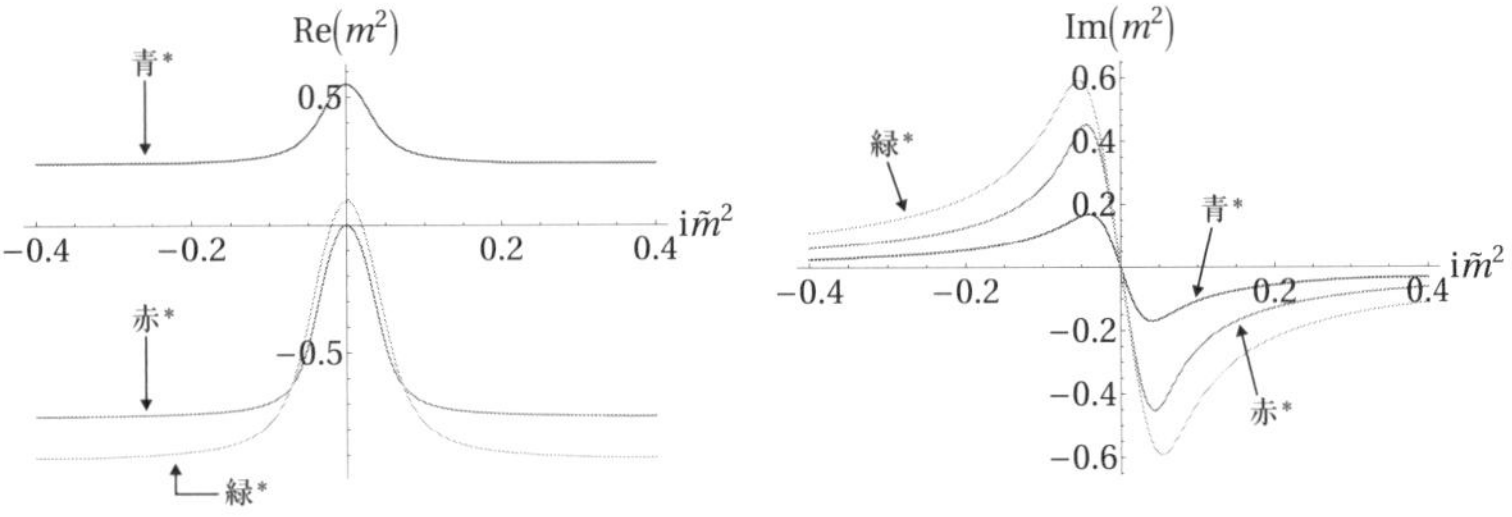

図 2　鞍点の方程式（2.13）の解 m^2 の実部と虚部が、1方向の潰れの3つの異なる値、$A=-0.8$（青）、$A=0$（赤）、$A=2.06$（緑）に対して示されている。大きな $i\tilde{m}^2$ に対しては、$\mathrm{Re}(m^2)\to -R/8$ となっている。（＊は訳注として付した）

$$\frac{2\pi^2}{\sqrt{(1+A)(1+B)}}\left(\frac{m^2}{f}-\tilde{m}^2\right)=-\frac{\partial \log Z_{\mathrm{free}}[m^2]}{\partial m^2} \tag{2.13}$$

われわれは、前述のとおり、虚数 $\tilde{m}^2$ に興味がある。つまり、複素変形 m^2 に対する $Z_{\mathrm{free}}[A,m^2]$ が必要である。(2.13) から大きな f 極限において数値的に鞍点関係 $m^2(\tilde{m}^2)$ がわかる。それを示すのが図2で、m^2 の実部と虚部が、3つの異なる A の値について $i\tilde{m}^2$ の関数としてプロットされている。

$\mathrm{Re}(m^2)\geq -R(A)/8$ であることに注目されたい。これは、行列式（2.11）が演算子 $-\nabla^2+m^2+R/8$ のすべての固有値の積であり、ゼロの固有値を持つと消える、という事実を反映している。ラプラシアン ∇^2 の最小固有値は必ずゼロなので、(2.11) における演算子の第1固有値 λ_1 は $R/8+m^2=0$ の場合にゼロとなる。演算子が負の固有値を1つでも持つ配位空間領域において、ガウス積分（2.5）は収束せず、(2.11) は適用されない。このことは、ここまでからわかるとおり、ホログラフィック測度 $Z_{\mathrm{crit}}^{-1}[A,\tilde{m}^2]$ がそのような境界配位上でゼロであることを意味する。

(2.10) に関係 $m^2(\tilde{m}^2)$ を挿入すると、分配関数 $Z_{\mathrm{crit}}[A,\tilde{m}^2]$ が得られる。それによる2次元ホログラフィック測度を図3に示す。この分布の

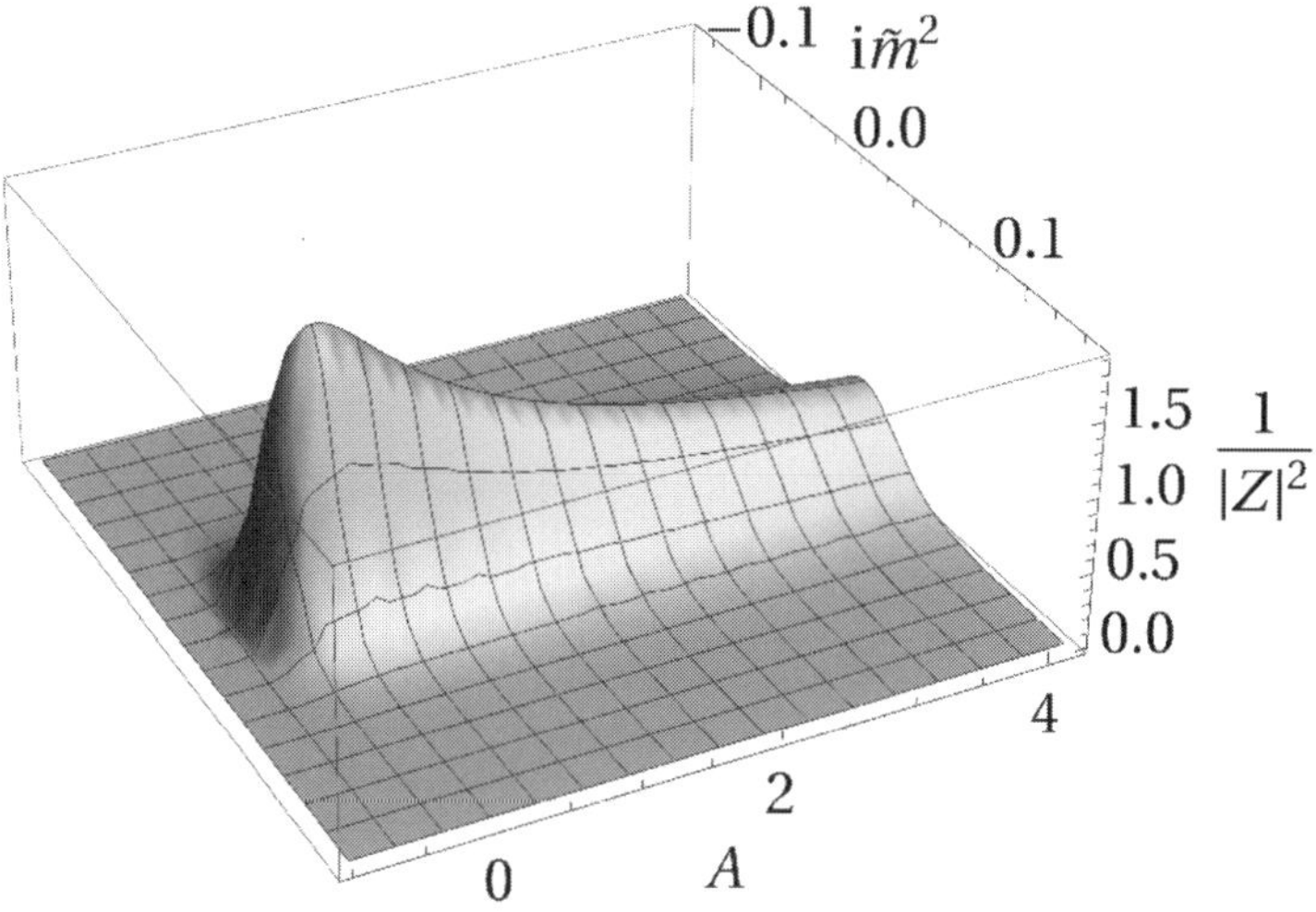

図3　永久インフレーションに双対な単純化された模型を用いて評価されたホログラフィック確率分布を、バルクスカラーと双対である質量変形 $\widetilde{m}^2$ 結合と、漸近的異方性の度合いをパラメーター化する未来の境界の潰れ A との関数として表したもの。配位空間にわたって分布は滑らかで規格化可能であり、異方性の強い未来の境界を抑制する。

振る舞いはよくかつ規格化可能で、純 de Sitter ヒストリーに対応する潰れゼロで変形ゼロの場合に最大値があり、F 定理およびそのスピン2拡張と一致する。スカラーが効く場合、極大値が A の正値のほうへわずかにシフトする。しかし、大きく変形された境界幾何の全確率は、予期されるとおり、指数関数的に小さい[3]。このことを図4に示す。この図では、2つの異なる $\widetilde{m}^2$ 値に対して、分布の1次元スライスしたものをプロットしている。

[3]この分布の裾野は、Ricci スカラー $R(A)$ が負で $Z_{\rm free}$ が発散する配位空間領域において、指数関数的に小さい。われわれはそれを、(2.10) における鞍点近似に由来するものと考えている。

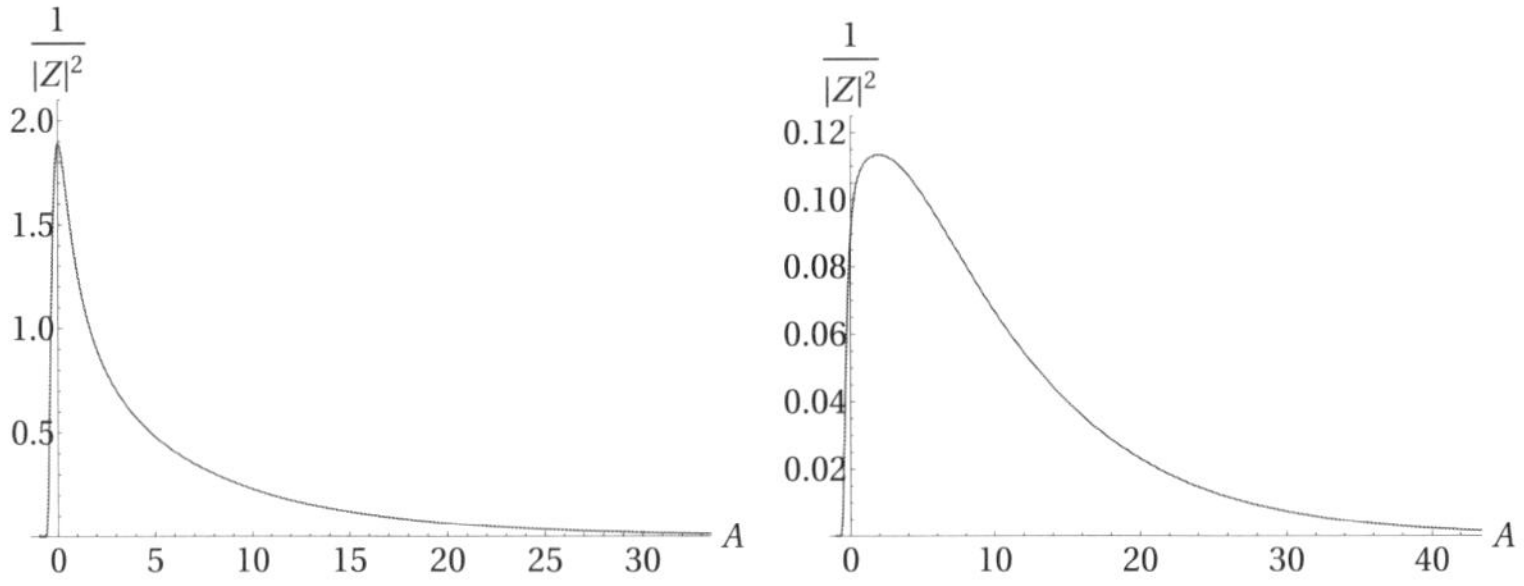

図 4　$\widetilde{m}^2 = 0.0$（左）および $\widetilde{m}^2 = 0.05i$（右）に対する確率分布のスライス。

2.4　大域的な測度：一般的な計量変形

一般的な大きな計量変形となると、ベクトルモデルであれ、ABJMであれ、他モデルとの双対であれ、手持ちの最新技術をもってしても分配関数の評価はできない。だが、前述の計算が与える一般論が示唆するところによれば、共形境界幾何の大きな変形に対する確率振幅は、高スピンとEinstein重力のどちらにおけるホログラフィック測度でも大きく抑制される。なぜなら、任意の双対CFTの作用には $R\phi^2$ という形で共形結合項が含まれているからである。丸い球面に近い幾何においては、この項は正で、分配関数の発散を防ぐ。その一方で、同様の議論は、丸い共形構造からかけ離れた境界幾何については、共形結合が分配関数の発散を引き起こす可能性が高いことを示唆する［41］。そうした幾何の一例が、曲率が負である領域を持つ幾何、より正確には負の山辺不変量を持つ幾何である。

山辺不変量 $Y(\tilde{h})$ は共形類の一性質を表す量である。本質的には、$\tilde{h}$ の共形類における全スカラー曲率の下限を、全体積について規格化したものである。その定義は、

$$Y(\tilde{h}) \equiv \inf_{\omega} \mathcal{I}(\omega^{1/4}\tilde{h}) \tag{2.14}$$

のようになる。ここで、下限は共形変換 $\omega(x)$ に対して取られ、$\mathcal{I}(\omega\tilde{h})$ は $\omega^{1/4}\tilde{h}$ の規格化された平均スカラー曲率、

$$\mathcal{I}(\omega^{1/4}\tilde{h}) = \frac{\int_M \left(\omega^2 R(\tilde{h}) + 8(\partial\omega)^2\right)\sqrt{\tilde{h}}\,d^3x}{\left(\int_M \omega^6 \sqrt{\tilde{h}}\,d^3x\right)^{1/3}} \tag{2.15}$$

である。計量 $\tilde{h}' = \omega^{1/4}\tilde{h}$ が定スカラー曲率を持つような共形変換 $\omega(x)$ は必ず存在する［42］。Y を定義する下限は、この計量 $\tilde{h}'$ に対して得られる。

この山辺不変量は、定数 $R<0$ である計量を含む共形類において負である。共形ラプラシアンの最小固有値はそのような背景において負になることから、予想としては、CFT の分配関数は収束せず、ひいては測度（1.1）ではそうした共形類の確率振幅を強く抑制する。この予想は、2.3節で評価した、潰れた球面上の変形 $O(N)$ 模型の分配関数で定められるホログラフィック測度によって確かめられる。それによれば、$R<0$ である大きな潰れの確率は指数関数的に小さく、計算からも、そうした背景空間上で Z_{free} が発散することがわかる。

負の $Y(\tilde{h})$ を持つ共形類は、永久インフレーションの準古典的重力解析において特徴的な、非常に不規則な定密度面を確かに含んでいる。したがって、この一般論は、そうした面の確率振幅はホログラフィック測度において小さくなることを示唆している。永久インフレーションは、インフレーションドメインによって分離された泡のような領域から成るモザイク構造を持つ、非常に不規則な宇宙を導くのが普通とされているが、この結果はそれに対する反証と解釈できる[4]。そして、永久インフレーションからの離脱の結果は、最大のスケールでほぼ滑らかな古典的な宇宙を生成するとわれわれは予想する。

3　議論

われわれはゲージ - 重力双対性を用い、無境界状態においてスカラー場によって生じる永久インフレーションの量子ダイナミクスを、（スカラー場による）永久インフレーションからの出口に位置する大域的な定密度面上で定義される双対な場の理論の言葉で記述してきた。dS/CFTの準古典公式（1.1）を考えるにあたって用いた双対な場の理論は、永久インフレーションを起こさせるバルクスカラーをソースとする複素低次元スカラー演算子によって変形されたユークリッド AdS/CFT 双対である。

その分配関数の逆数は、スカラー場による永久インフレーションからの出口に位置する共形境界のさまざまな形状の確率振幅を定める。それは、永久にインフレーションし続ける宇宙の大域的構造に関するホログラフィック測度を与える。われわれはそれを、潰れた球面上で定義された、質量変形され相互作用する $O(N)$ ベクトル理論による単純化された模型において、陽に計算した。この模型からは、丸い共形構造からかけ離れた幾何に対して確率振幅が小さいことがわかる。また、この結果をもとに一般論として、スカラー曲率が負である大きな領域を持つ出口面は、Einstein 重力におけるホログラフィック測度でも強く抑制されることがわかる。われわれはこのことに基づき、永久インフレーションは最大のスケールで比較的規則正しい宇宙を生み出すと予想する。これは、永久インフレーションについて準古典重力の扱いに基づく標準的な描像とは大きく異なる。

---

[4]この議論と相通ずる［13］において、永久インフレーションにおける局所観測の確率は、永久インフレーションと関連する大きなスケールのゆらぎについての粗視化によって得ることができ、それによって実質的に滑らかさが回復される、とわれわれは議論している。われわれのホログラフィック解析は、双対理論による記述がこの粗視化を一部自動的に取り込んでいることを示唆している。

われわれが考察してきた簡単化された模型の宇宙論において、スカラー場によって生じる永久インフレーションの期間は、Λ-優勢期へ直接移る。われわれのアイデアを、減速期を含むより現実的な宇宙論に応用するためには、ホログラフィック宇宙論のさらなる発展が必要である(このことは、[15, 24-28] をはじめ、初期宇宙の宇宙論にホログラフィック技法を応用している現在の研究すべてに当てはまる)。現実的な宇宙論では、インフレーションが双対理論の赤外固定点に対応していることが示唆されており [24]、その場合、赤外理論の分配関数が出口面の確率振幅を定める可能性がある。

われわれの予想は、ホログラフィック宇宙論が多宇宙の現実の宇宙としての可能性を著しく下げるという直感を後押しする。この直感は、人間原理的考察に対して重要な洞察を与える。制約の大きな多宇宙において、離散的な値をとるパラメーターは理論によって決まる。人間原理的な議論の適用対象は、連続的に変化できるパラメーターの一部、たとえばスローロールインフレーションの継続期間などに限られる。

われわれが提案した永久インフレーションの双対理論を用いたユークリッド的記述は、元来の無境界のアイデアからの大きな逸脱に至る。われわれの記述において、永久インフレーション期を持つ歴史は、(スカラー場による) 永久インフレーションの閾として過去に内側の境界を持つ。この内側の境界上の場の理論は、永久インフレーションの量子の世界から準古典的領域の宇宙への遷移について近似的な記述を与える。簡単のため、われわれははっきりした内側の境界を想定してきたが、当然ながら、境界がぼやけた模型を考え得る。永久インフレーションからの出口の詳細は、出口面上での場の理論の自由度と古典的バルクダイナミクスとのあいだの相互作用に組み込まれている。

謝辞

われわれは Dio Anninos、Nikolay Bobev、Frederik Denef、Jim Hartle、Kostas Skenderis、Yannick Vreys に、長年にわたる刺激的な議論

に対して感謝する。SWH は、ルーヴェン・カトリック大学の理論物理学研究所のもてなしに対して感謝する。TH は、ケンブリッジ大学のトリニティカレッジおよび理論宇宙論センター（CTC）のもてなしに対して感謝する。この研究は一部、欧州研究評議会（ERC）助成金 no. ERC-2013-CoG 616732 HoloQosmos の支援を受けている。

https://doi.org/10.1007/JHEP04(2018)147

参考文献

[1] A. Vilenkin, *The Birth of Inflationary Universes, Phys. Rev.* D **27**（1983）2848［INSPIRE］.

[2] A. D. Linde, D. A. Linde and A. Mezhlumian, *Nonperturbative amplications of inhomogeneities in a selfreproducing universe, Phys. Rev.* D **54**（1996） 2504［gr-qc/9601005］［INSPIRE］.

[3] S. Winitzki. *Eternal inflation*, World Scientific（2008）.

[4] P. Creminelli, S. Dubovsky, A. Nicolis, L. Senatore and M. Zaldarriaga, *The Phase Transition to Slow-roll Eternal Inflation, JHEP* **09**（2008）036［arXiv: 0802.1067］［INSPIRE］.

[5] J. Hartle, S.W. Hawking and T. Hertog, *The No-Boundary Measure in the Regime of Eternal Inflation, Phys. Rev.* D **82**（2010）063510［arXiv: 1001.0262］［INSPIRE］.

[6] C. M. Hull, *Timelike T duality, de Sitter space, large N gauge theories and*

topological field theory, JHEP **07** (1998) 021 [hep-th/9806146] [INSPIRE].

[7] V. Balasubramanian, J. de Boer and D. Minic, *Mass, entropy and holography in asymptotically de Sitter spaces, Phys. Rev.* D **65** (2002) 123508 [hep-th/0110108] [INSPIRE].

[8] A. Strominger, *The dS/CFT correspondence, JHEP* **10** (2001) 034 [hep-th/0106113] [INSPIRE].

[9] R. Brout, F. Englert and E. Gunzig, *The Creation of the Universe as a Quantum Phenomenon, Annals Phys.* **115** (1978) 78 [INSPIRE].

[10] J. B. Hartle and S. W. Hawking, *Wave Function of the Universe, Phys. Rev.* D **28** (1983) 2960 [INSPIRE].

[11] J. B. Hartle, S. W. Hawking and T. Hertog, *The Classical Universes of the No-Boundary Quantum State, Phys. Rev.* D **77** (2008) 123537 [arXiv: 0803.1663] [INSPIRE].

[12] J. B. Hartle, S. W. Hawking and T. Hertog, *No-Boundary Measure of the Universe, Phys. Rev. Lett.* **100** (2008) 201301 [arXiv: 0711.4630] [INSPIRE].

[13] J. Hartle, S. W. Hawking and T. Hertog, *Local Observation in Eternal inflation, Phys. Rev. Lett.* **106** (2011) 141302 [arXiv: 1009.2525] [INSPIRE].

[14] J. M. Maldacena, *Non-Gaussian features of primordial fluctuations in single field inflationary models, JHEP* **05** (2003) 013 [astro-ph/0210603] [INSPIRE].

[15] P. McFadden and K. Skenderis, *Holography for Cosmology, Phys. Rev.* D **81** (2010) 021301 [arXiv: 0907.5542] [INSPIRE].

[16] D. Harlow and D. Stanford, *Operator Dictionaries and Wave Functions in AdS/CFT and dS/CFT*, arXiv: 1104.2621 [INSPIRE].

[17] J. Maldacena, *Einstein Gravity from Conformal Gravity*, arXiv: 1105.5632 [INSPIRE].

[18] T. Hertog and J. Hartle, *Holographic No-Boundary Measure, JHEP* **05** (2012) 095 [arXiv: 1111.6090] [INSPIRE].

[19] D. Anninos, T. Hartman and A. Strominger, *Higher Spin Realization of the dS/CFT Correspondence, Class. Quant. Grav.* **34** (2017) 015009

[arXiv: 1108.5735] [INSPIRE].
[20] R. Dijkgraaf, B. Heidenreich, P. Jefferson and C. Vafa, *Negative Branes, Supergroups and the Signature of Spacetime, JHEP* **02** (2018) 050 [arXiv: 1603.05665] [INSPIRE].
[21] E.A. Bergshoeff, J. Hartong, A. Ploegh, J. Rosseel and D. Van den Bleeken, *Pseudo-supersymmetry and a tale of alternate realities, JHEP* **07** (2007) 067 [arXiv: 0704.3559] [INSPIRE].
[22] K. Skenderis, P. K. Townsend and A. Van Proeyen, *Domain-wall/cosmology correspondence in AdS/dS supergravity, JHEP* **08** (2007) 036 [arXiv: 0704.3918] [INSPIRE].
[23] J. B. Hartle, S. W. Hawking and T. Hertog, *Quantum Probabilities for Inflation from Holography, JCAP* **01** (2014) 015 [arXiv: 1207.6653] [INSPIRE].
[24] A. Strominger, *Inflation and the dS/CFT correspondence, JHEP* **11** (2001) 049 [hep-th/0110087] [INSPIRE].
[25] A. Bzowski, P. McFadden and K. Skenderis, *Holography for inflation using conformal perturbation theory, JHEP* **04** (2013) 047 [arXiv: 1211.4550] [INSPIRE].
[26] J. M. Maldacena and G. L. Pimentel, *On graviton non-Gaussianities during inflation, JHEP* **09** (2011) 045 [arXiv: 1104.2846] [INSPIRE].
[27] J. Garriga, K. Skenderis and Y. Urakawa, *Multi-field inflation from holography, JCAP* **01** (2015) 028 [arXiv: 1410.3290] [INSPIRE].
[28] N. Afshordi, C. Corianò, L. Delle Rose, E. Gould and K. Skenderis, *From Planck data to Planck era: Observational tests of Holographic Cosmology, Phys. Rev. Lett.* **118** (2017) 041301 [arXiv: 1607.04878] [INSPIRE].
[29] J. Maldacena, *Vacuum decay into Anti de Sitter space*, arXiv: 1012.0274 [INSPIRE].
[30] D. L. Jafferis, *The Exact Superconformal R-Symmetry Extremizes Z, JHEP* **05** (2012) 159 [arXiv: 1012.3210] [INSPIRE].
[31] I. R. Klebanov, S. S. Pufu and B. R. Safdi, *F-Theorem without Supersymmetry, JHEP* **10** (2011) 038 [arXiv: 1105.4598] [INSPIRE].
[32] N. Bobev, P. Bueno and Y. Vreys, *Comments on Squashed-sphere Partition Functions, JHEP* **07** (2017) 093 [arXiv: 1705.00292]

[INSPIRE].

[33] S. Fischetti and T. Wiseman, *On universality of holographic results for (2+1)-dimensional CFTs on curved spacetimes, JHEP* **12** (2017) 133 [arXiv: 1707.03825] [INSPIRE].

[34] I. R. Klebanov and A. M. Polyakov, *AdS dual of the critical O(N) vector model, Phys. Lett.* **B 550** (2002) 213 [hep-th/0210114] [INSPIRE].

[35] S. A. Hartnoll and S. P. Kumar, *The O(N) model on a squashed S^3 and the Klebanov-Polyakov correspondence, JHEP* **06** (2005) 012 [hep-th/0503238] [INSPIRE].

[36] N. Bobev, T. Hertog and Y. Vreys, *The NUTs and Bolts of Squashed Holography, JHEP* **11** (2016) 140 [arXiv: 1610.01497] [INSPIRE].

[37] D. Anninos, F. Denef and D. Harlow, *Wave function of Vasiliev's universe: A few slices thereof, Phys. Rev.* **D 88** (2013) 084049 [arXiv: 1207.5517] [INSPIRE].

[38] G. Conti, T. Hertog and Y. Vreys, *Squashed Holography with Scalar Condensates*, arXiv: 1707.09663 [INSPIRE].

[39] D. Anninos, F. Denef, G. Konstantinidis and E. Shaghoulian, *Higher Spin de Sitter Holography from Functional Determinants, JHEP* **02** (2014) 007 [arXiv: 1305.6321] [INSPIRE].

[40] B. L. Hu, *Scalar Waves in the Mixmaster Universe. I. The Helmholtz Equation in a Fixed Background, Phys. Rev.* **D 8** (1973) 1048 [INSPIRE].

[41] E. Witten, *Anti-de Sitter space and holography, Adv. Theor. Math. Phys.* **2** (1998) 253 [hep-th/9802150] [INSPIRE].

[42] R. Schoen, *Conformal deformation of a Riemannian metric to constant scalar curvature, J. Diff. Geom.* **20** (1984) 479.

◎著者紹介

スティーヴン・W・ホーキング（Stephen W. Hawking）

1942年、イギリスのオックスフォード生まれ。アインシュタイン以来の最も優秀な理論物理学者の一人と言われる。1963年、ケンブリッジ大学の大学院生だった21歳のときに、運動ニューロン疾患を発症し、余命2年と告げられる。しかし、その宣告を覆して優秀な研究者となり、かのアイザック・ニュートンも就任したルーカス教授職を30年にわたり務めた。王立協会フェロー、全米科学アカデミー会員であったほか十数個の名誉学位を持ち、1989年には名誉勲位を授けられた。ケンブリッジ大学理論宇宙論センターに研究責任者として在籍中の2018年3月に死去。著作に『ホーキング、宇宙を語る』『ホーキング、ブラックホールを語る』（ともに早川書房刊）『ホーキング、未来を語る』『ホーキング、宇宙と人間を語る』など。

トマス・ハートッホ（Thomas Hertog）

1975年、ベルギーのルーヴェン生まれ。ケンブリッジ大学でホーキングの指導のもと博士号を取得。カリフォルニア大学リサーチフェロー、CERNフェローを経て、現在はルーヴェン・カトリック大学理論物理学教授。専門は宇宙論と弦理論。ホーキングとの共同研究でもつとに知られ、本書収録のホーキング最終論文、「永久インフレーションからの滑らかな離脱？」の共著者でもある。

佐藤勝彦（さとう・かつひこ）

1945年生。京都大学大学院理学研究科物理学専攻博士課程修了。理学博士。東京大学名誉教授、明星大学客員教授。現在、日本学術振興会学術システム研究センター所長、日本学士院会員。専攻は宇宙論・宇宙物理学で、1980年代の初めにインフレーション理論をアラン・グースと独立に提唱したことなどで世界的に著名。2002年に紫綬褒章を受章。2010年に日本学士院賞を受賞。2014年には文化功労者として顕彰された。著書に『相対性理論』『インフレーション宇宙論』『眠れなくなる宇宙のはなし』ほか多数。ホーキングの著書の多数に訳者・監修者として関わり、個人的にも親交があった。

白水徹也（しろみず・てつや）

1969年生。1996年京都大学大学院理学研究科物理学第二専攻博士課程修了。理学博士。東京工業大学大学院理工学研究科准教授、京都大学大学院理学研究科准教授などを経て、現在名古屋大学大学院多元数理科学研究科 素粒子宇宙起源研究機構教授。専門は宇宙論、一般相対論。2005年に第20回西宮湯川記念賞、2006年に平成18年度文部科学大臣表彰若手科学者賞をそれぞれ受賞。著書に『宇宙の謎に挑む ブレーンワールド』、『アインシュタイン方程式【電子版】』など。東大助手時代にはケンブリッジ大学のホーキング率いる相対論グループに2年間滞在。

◎訳者略歴

松井信彦（まつい・のぶひこ）

翻訳家。1962年生。慶應義塾大学大学院理工学研究科電気工学専攻前期博士課程（修士課程）修了。訳書にレヴィン『重力波は歌う』（共訳）、ビリングズ『五〇億年の孤独』、ハンド『「偶然」の統計学』、シュワルツ＆ロンドン『神経免疫学革命』（以上早川書房刊）、サイモン『たいへんな生きもの』ほか多数。

ホーキング、最後《さいご》に語《かた》る
多宇宙をめぐる博士のメッセージ
2018年7月20日　初版印刷
2018年7月25日　初版発行
＊
著　者　スティーヴン・W・ホーキング&トマス・ハートッホ／
佐藤勝彦《さとうかつひこ》／白水徹也《しろみずてつや》
翻訳監修者　白水徹也
訳　者　松井信彦《まついのぶひこ》
発行者　早川　浩
＊
印刷所　精文堂印刷株式会社
製本所　大口製本印刷株式会社
＊
発行所　株式会社　早川書房
東京都千代田区神田多町2－2
電話　03-3252-3111（大代表）
振替　00160-3-47799
http://www.hayakawa-online.co.jp
定価はカバーに表示してあります
ISBN978-4-15-209788-0　C0042
Printed and bound in Japan
乱丁・落丁本は小社制作部宛お送り下さい。
送料小社負担にてお取りかえいたします。